电脑高效办公和安全防护
从新手到高手

网络安全技术联盟　编著

微课
超值版

清华大学出版社
北京

内容简介

本书剖析用户在进行电脑高效办公和安全防护中迫切需要用到或迫切想要用到的技术，并力求对其进行傻瓜式的讲解，使读者对电脑高效办公和安全防护技术形成系统了解，能够更好地提高办公效率和防护电脑安全。

全书共分为 15 章，包括使用 Word 编辑文档，使用图表图形美化文档，Word 的高级应用，使用 Excel 编辑数据，使用图表图形美化报表，工作表数据的管理与分析，使用 PowerPoint 制作幻灯片，制作有声有色的幻灯片，放映、打包和发布幻灯片，认识 Windows 11 操作系统，个性化 Windows 11 操作系统，电脑常见故障的处理，电脑数据的安全防护，电脑系统的优化与防护，无线网络安全防护等内容。另外，本书赠送大量学习资源，包括同步教学微视频、精美教学幻灯片、教学大纲等，帮助读者掌握电脑办公和安全防护方方面面的知识。

本书内容丰富、图文并茂、深入浅出，不仅适用于没有任何电脑基础的初学者，而且适用于有一定的电脑基础并想成为电脑高手的人员。

本书封面贴有清华大学出版社的防伪标签，无标签者不得销售。
版权所有，侵权必究。举报：010-62782989，beiqinquan@tup.tsinghua.edu.cn。

图书在版编目（CIP）数据

电脑高效办公和安全防护从新手到高手：微课超值版/网络安全技术联盟编著. —北京：清华大学出版社，2024.2
（从新手到高手）
ISBN 978-7-302-65520-6

Ⅰ.①电… Ⅱ.①网… Ⅲ.①办公室自动化－应用软件－安全技术 Ⅳ.①TP317.1

中国国家版本馆CIP数据核字（2024）第042541号

责任编辑：张　敏
封面设计：郭二鹏
责任校对：胡伟民
责任印制：丛怀宇

出版发行：清华大学出版社
网　　　址：https://www.tup.com.cn，https://www.wqxuetang.com
地　　　址：北京清华大学学研大厦A座　　邮　　编：100084
社　总　机：010-83470000　　邮　　购：010-62786544
投稿与读者服务：010-62776969，c-service@tup.tsinghua.edu.cn
质　量　反　馈：010-62772015，zhiliang@tup.tsinghua.edu.cn
课　件　下　载：https://www.tup.com.cn，010-83470236
印　装　者：北京同文印刷有限责任公司
经　　销：全国新华书店
开　　本：185mm×260mm　　印　张：15　　字　数：375千字
版　　次：2024年4月第1版　　印　次：2024年4月第1次印刷
定　　价：79.80元

产品编号：102901-01

Preface
前 言

　　电脑在办公中有非常普遍的应用，正确熟练地操作办公软件已成为信息时代对每个人的要求。本书的主要目的是提高办公效率，让读者不再加班，轻松完成工作任务。同时，电脑安全防护问题已经日益突出。"工欲善其事，必先利其器"，所以选择合适的安全防护工具，能起到事半功倍的作用。

本书特色

　　知识丰富全面：本书涵盖了电脑办公和安全防护方方面面的知识点，由浅入深地讲解，使读者轻松掌握电脑高效办公和安全防护方面的技能。

　　图文并茂：在介绍案例的过程中，每一操作均有对应的插图。这种图文结合的方式使读者在学习过程中能够直观、清晰地看到操作的过程及效果，便于更快地理解和掌握。

　　案例丰富：把知识点融汇于系统的案例实训当中，并且结合经典案例进行讲解和拓展，进而达到"知其然，并知其所以然"的效果。

　　贴心周到：本书对读者在学习过程中可能遇到的疑难问题特别给出"提示"，以免读者在学习的过程中走弯路。

　　超值赠送：本书将赠送同步教学微视频、精美教学幻灯片、实用教学大纲、108个黑客工具速查手册、160个常用黑客命令速查手册、180页电脑常见故障维修手册、600套涵盖各个办公领域的实用模板、Excel公式与函数速查手册、打印机/扫描仪等常用办公设备使用与维护手册、100款黑客攻防工具包，使读者掌握更多有关电脑高效办公和安全防护方面的知识，读者扫描下方二维码获取相关资源。

王牌资源

读者对象

本书不仅适用于没有任何电脑基础的初学者，而且适用于有一定的电脑基础并想成为电脑高手的人员。

写作团队

本书由长期研究高效办公和电脑安全知识的网络安全技术联盟编著。在编写过程中，我们虽尽所能地将最好的讲解呈现给读者，但也难免有疏漏和不妥之处，敬请不吝指正。

编　者

2023.10

Contents
目　录

第1章 使用Word编辑文档

Word 2021是Microsoft公司推出的Word文字处理软件，它直观的图标按钮设计让用户能够方便地进行文字、图形图像和数据的处理。本章介绍如何使用Word 2021编辑文档。

1.1 输入文本内容

编辑文档的第一步就是向文档中输入文本内容，主要包括中英文内容、各类符号等。

1.1.1 输入普通文本

普通文本包括中英文文字和数字，它们的输入方式是一样的，具体的操作步骤如下。

Step 01 打开Word文档，在光标闪烁处输入文本内容，然后按Enter键将光标移动至下一行行首，如图1-1所示。

图 1-1 输入文本内容

Step 02 按照同样的方法即可输入文档的其他内容，如图1-2所示。

💿**提示**：如果系统中安装了多个中文输入法，则需要按Ctrl+Shift组合键切换到需要的输入法。按Shift键，即可直接在文档中输入英文，输入完毕后再次按Shift键返回中文输入状态。

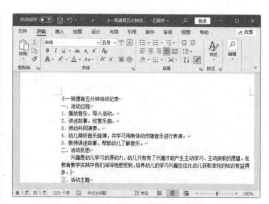

图 1-2 输入其他文本内容

1.1.2 输入符号与特殊符号

常见的字符在键盘上都有显示，但是遇到一些特殊符号类型的文本，就需要使用Word自带的符号库来输入，具体的操作步骤如下。

Step 01 把光标定位到需要输入符号的位置，然后选择"插入"选项卡，单击"符号"选项组中的"符号"按钮，从弹出的下拉列表中选择"其他符号"选项，如图1-3所示。

图 1-3 选择"其他符号"选项

Step 02 打开"符号"对话框，如图1-4所示，在"字体"下拉列表中选择需要的字体选项，并在下方选择要插入的符号，然后单击"插入"按钮。重复操作，即可输入多个符号。

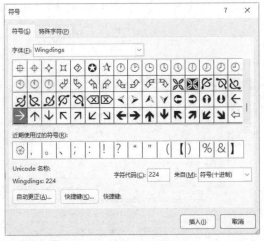

图1-4 "符号"对话框

Step 03 选择"特殊字符"选项卡，如图1-5所示，在"字符"列表框中选中需要插入的符号，系统还为某些特殊符号定义了快捷键。直接按下这些快捷键即可插入该符号。

图1-5 "特殊字符"选项卡

Step 04 插入符号完成后，单击"关闭"按钮，返回Word 2021文档界面，完成符号的插入，如图1-6所示。

图1-6 插入符号

1.1.3 输入日期和时间

日期和时间的插入有别于普通文本，如果要在文档中输入的是当前日期或时间，则可以使用Word自带的插入日期和时间功能，具体的操作步骤如下。

Step 01 将光标定位到要插入当前日期的位置，单击"插入"选项卡下"文本"选项组中的 日期和时间 按钮，即可打开"日期和时间"对话框，如图1-7所示。

图1-7 "日期和时间"对话框

Step 02 从"可用格式"列表框中选择要插入的当前日期的格式，单击"确定"按钮，完成日期的插入操作，如图1-8所示。

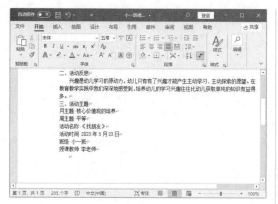

图1-8　插入日期

1.2　插入编号和项目符号

编辑完文本之后，用户还可以根据实际情况插入相应的编号和项目符号，从而使整个文档的内容更加清晰，具有条理性。

1.2.1　插入编号

在Word文档中，插入编号可以使文档有别于普通文档，给人一种醒目的感觉，具体的操作步骤如下。

Step 01 将光标定位到要插入或修改编号的段落中，然后单击"开始"选项卡下"段落"选项组中的"编号"按钮，即可弹出"编号"下拉菜单，如图1-9所示。

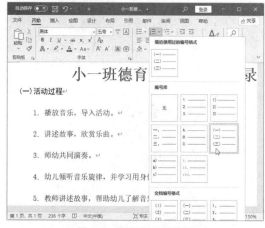

图1-9　"编号"下拉菜单

Step 02 从下拉菜单中选择需要的编号样式，即可完成编号的插入操作，如图1-10所示。

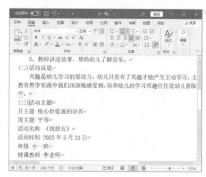

图1-10　插入编号

1.2.2　插入项目符号

在Word文档中除了可以插入编号之外，还可以插入一些项目符号，达到突出文档的目的，具体的操作步骤如下。

Step 01 将光标定位到要插入项目符号的段落中，如图1-11所示。

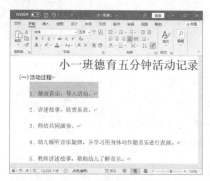

图1-11　将光标定位到段落中

Step 02 单击"开始"选项卡，进入"开始"界面，单击"段落"选项组中的"项目符号"按钮，即可弹出"项目符号"下拉菜单，如图1-12所示。

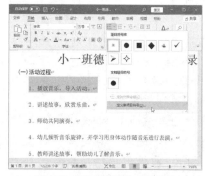

图1-12　"项目符号"下拉菜单

Step 03 从菜单中选择"定义新项目符号"选项，即可打开"定义新项目符号"对话框，如图1-13所示。

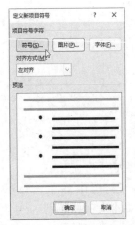

图 1-13　"定义新项目符号"对话框

Step 04 单击 符号(S)... 按钮，即可打开"符号"对话框，从中选择要作为项目符号的符号，如图1-14所示。

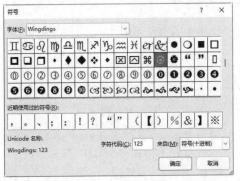

图 1-14　"符号"对话框

Step 05 单击"确定"按钮，返回"定义新项目符号"对话框，此时下方的"预览"框中可以预览项目符号的添加效果，如图1-15所示。

Step 06 单击 字体(F)... 按钮，打开"字体"对话框，然后单击"字体颜色"下拉按钮，从弹出的下拉列表中选择"其他颜色"选项，如图1-16所示。

Step 07 弹出"颜色"对话框，选择"自定义"选项卡，进入"自定义"设置界面，从"颜色"面板中选择要设置的颜色，如图1-17所示。

图 1-15　预览项目符号的添加效果

图 1-16　"字体"对话框

图 1-17　"颜色"对话框

Step 08 单击"确定"按钮，返回"字体"对话框，此时在下方的"预览"框中可以预览到项目符号的字体效果，如图1-18所示。

图 1-18　预览项目符号的字体效果

Step 09 单击"确定"按钮，即可完成项目符号的插入操作，如图1-19所示。

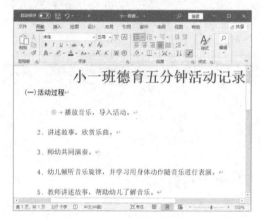

图 1-19　插入项目符号

Step 10 选中其他需要插入项目符号的段落，然后单击"段落"选项组中的"项目符号"按钮，此时弹出的下拉菜单中即可看到刚刚定义的项目符号样式，如图1-20所示。

Step 11 从中选择刚刚定义的项目符号，此时的设置效果如图1-21所示。

Step 12 按照同样的方法为其他的段落内容添加项目符号，如图1-22所示。

图 1-20　选择插入的项目符号

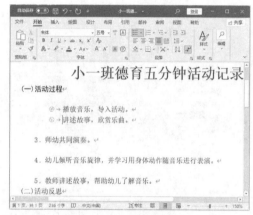

图 1-21　插入其他项目符号

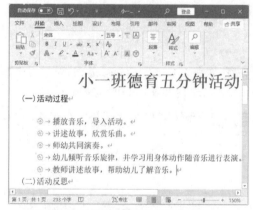

图 1-22　完成所有项目符号的插入

1.3　设置字体样式

字体样式主要包括字体基本格式、边框、底纹、间距和突出显示等方面。下面开始学习如何设置字体的这些样式。

1.3.1 设置字体格式

为了使文档更加美观整齐，在文档输入完毕之后，还需要对输入文本的字体进行格式的设置操作，具体的操作步骤如下。

Step 01 选择要设置字体格式的文本内容，单击"开始"选项卡下"字体"选项组中的 按钮，打开"字体"对话框，如图1-23所示，可以根据需要设置字体样式，包括颜色、字形、字号等。

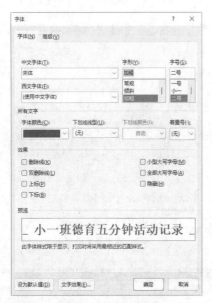

图 1-23 "字体"对话框

Step 02 单击"确定"按钮，返回Word工作界面，可以看到效果，如图1-24所示。

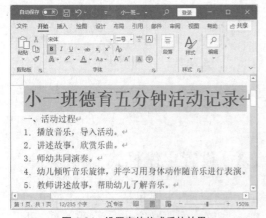

图 1-24 设置字体格式后的效果

Step 03 选择要设置字体格式的文本内容，单击"字体"下拉列表，从弹出的菜单中选择"黑体"选项，则选中的文本内容的字体即可应用选择的字体样式，如图1-25所示。

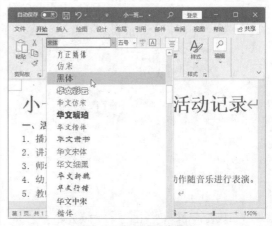

图 1-25 设置字体为黑体

Step 04 选择要设置字体格式的文本内容，然后单击"字体颜色"按钮，从弹出的下拉菜单中选择"其他颜色"选项，如图1-26所示。

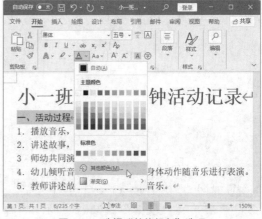

图 1-26 选择"其他颜色"选项

Step 05 打开"颜色"对话框，选择"自定义"选项卡，进入"自定义"设置界面，从"颜色"面板中选择要设置的字体颜色，如图1-27所示。

Step 06 单击"确定"按钮，即可实现所选字体颜色的设置操作，如图1-28所示。

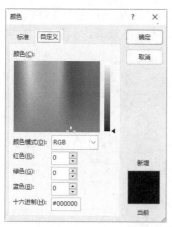

图 1-27　"颜色"对话框

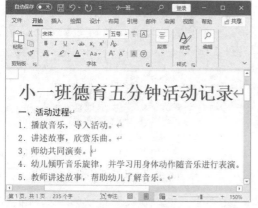

图 1-28　设置字体颜色

提示：对于字体效果的设置，除了使用"字体"对话框外，还可以在"开始"选项卡下的"字体"组中进行快速设置，如图1-29所示。另外，选择要设置字体格式的文本，此时选中的文本区域右上角弹出一个浮动工具栏，单击相应的按钮也可以设置字体格式，如图1-30所示。

图 1-29　"字体"组设置界面

图 1-30　浮动工具栏

1.3.2　设置字符间距

字符间距主要指文档中字与字之间的间距、位置等。按Ctrl+D组合键打开"字体"对话框，选择"高级"选项卡，在"字符间距"区域，即可设置字体的"缩放""间距"和"位置"等，图1-31所示为设置字符间距的参数，图1-32所示为设置字符间距后文本的显示效果。

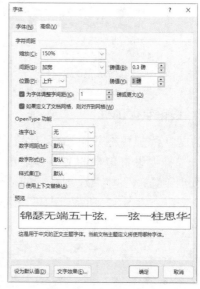

图 1-31　"字体"对话框

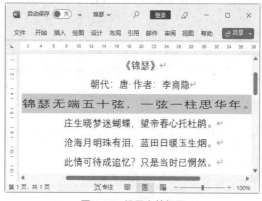

图 1-32　设置字符间距

1.3.3　设置字体底纹

为了更好地美化输入的文字，可以为文本设置底纹效果。选择要设置底纹的文本，单击"开始"选项卡下"字体"选项

7

组中的"字符底纹"按钮，如图1-33所示，即可为文本添加底纹效果，如图1-34所示。

图1-33 "字体"选项组

图1-34 添加底纹效果

1.3.4 设置字体边框

为文字添加边框效果，可以突出显示文本。选择要设置边框的文本，单击"开始"选项卡下"字体"选项组中的"字符边框"按钮，如图1-35所示，即可为选择的文本添加边框，如图1-36所示。

图1-35 "字体"选项组

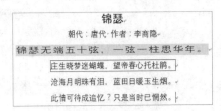

图1-36 设置字体边框

1.3.5 设置文本效果

Word 2021提供了文本效果设置功能，用户可以通过"开始"选项卡中的"文本效果与版本"按钮 A 进行设置，具体的操作步骤如下。

Step 01 选中需要添加文本效果的文字，单击"开始"选项卡下"字体"组中的"文本

效果"按钮，在弹出的下拉列表中选择需要添加的艺术字效果，如图1-37所示。

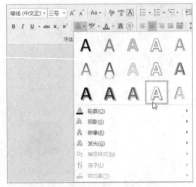

图1-37 为文本添加艺术字效果

Step 02 返回Word 2021的工作界面当中，可以看到文字应用文本效果后的显示方式，如图1-38所示。

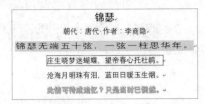

图1-38 艺术字效果

Step 03 通过"文本效果"按钮的下拉列表中的"轮廓""阴影""映像""发光"选项，可以更详细地设置文字的艺术效果，如图1-39所示。

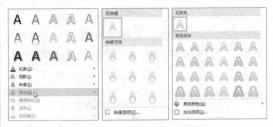

图1-39 文本效果设置界面

1.4 设置段落样式

段落样式包括段落对齐、段落缩进、段落间距、段落行距、边框和底纹、符号、编号以及制表位等，合理地设置段落样式可以美化文档。

1.4.1 设置段落格式

设置段落格式包括段落缩进、段落对齐和段落间距等，具体的操作步骤如下。

Step 01 选中需要设置段落缩进的段落，然后单击"段落"选项组中的 ⌐ 按钮，即可打开"段落"对话框。单击"特殊"下拉按钮，从弹出的下拉列表中选择"首行"选项，并将缩进值字符设置为"2字符"，如图1-40所示。

图1-40 "段落"对话框

Step 02 单击"确定"按钮，即可实现段落缩进，如图1-41所示。

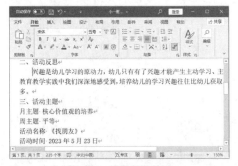

图1-41 设置段落缩进

Step 03 如果要设置段落对齐方式，只需选中需要对齐的文本，这里选择标题文本，如图1-42所示，然后单击"段落"选项组中的

"居中"按钮 ☰，即可实现段落对齐方式，如图1-43所示。

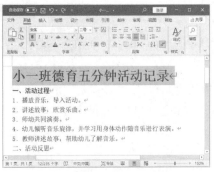

图1-42 选中需要对齐的文本

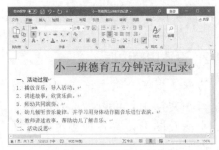

图1-43 实现段落对齐方式

Step 04 如果要设置段落间距，只需选中需要设置段落间距的段落，然后单击"段落"选项组中的 ⌐ 按钮，打开"段落"对话框，并在"间距"组合框中将"段前"间距设置为"自动"，如图1-44所示。

图1-44 设置段前间距

Step 05 单击"确定"按钮，即可完成段落间距的设置操作，如图1-45所示。

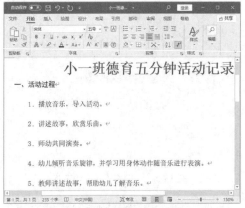

图1-45　设置段落间距后的效果

1.4.2　设置段落边框

边框是指在一组字符或句子周围应用边框。在文档中，可以为选定的字符、段落、页面及图形设置各种颜色的边框，具体的操作步骤如下。

Step 01 选中要设置边框的段落，单击"开始"选项卡下"段落"选项组中的"下框线"按钮，在弹出的下拉列表中选择边框线的类型，如图1-46所示。

图1-46　选择"外侧框线"选项

Step 02 选择"外侧框线"选项，即可为该段落添加外侧边框，效果如图1-47所示。

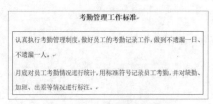

图1-47　添加外侧框线效果

提示： 在选择段落时，如果没有把段落标记选择在内，则表示为文字添加边框，具体效果如图1-48所示。另外，如果要清除设置的边框，则需要选择设置的边框内容，然后单击"边框"按钮，在弹出的下拉列表中选择"无框线"选项即可，如图1-49所示。

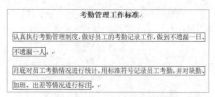

图1-48　为文字添加边框

图1-49　清除边框线

1.4.3　设置段落底纹

底纹是指为所选文本添加底纹背景。在文档中，可以为选定的段落设置段落底纹，具体的操作步骤如下。

Step 01 选中需要设置底纹的段落，单击"开始"选项卡下"段落"选项组中的"底纹"按钮，如图1-50所示。

图1-50　选择底纹颜色

Step 02 在弹出的面板中选择底纹的颜色，即可为该段落添加底纹，效果如图1-51所示。

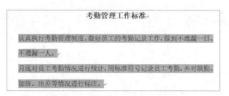

图 1-51　为段落添加底纹颜色

Step 03 如果想自定义边框和底纹的样式，可以在"段落"选项组中单击"边框"按钮，在弹出的菜单中选择"边框和底纹"选项，如图1-52所示。

图 1-52　选择"边框和底纹"选项

Step 04 弹出"边框和底纹"对话框，用户可以设置边框的样式、颜色和宽度等参数，如图1-53所示。

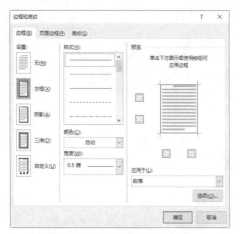

图 1-53　"边框和底纹"对话框

Step 05 选择"底纹"选项卡，选择填充的颜色、图案的样式和颜色等参数，如图1-54所示。

图 1-54　设置底纹颜色与图案

Step 06 设置完成后，单击"确定"按钮，即可自定义段落的边框和底纹，如图1-55所示。

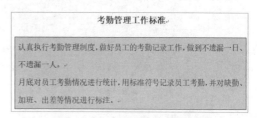

图 1-55　自定义段落的边框和底纹

1.5　高效办公技能实战

1.5.1　实战1：输入数学公式

数学公式在编辑数学方面的文档时使用非常广泛。如果直接输入公式，比较烦琐，浪费时间且容易输错。在Word 2021中，可以直接使用"公式"按钮来输入数学公式，具体的操作步骤如下。

Step 01 将光标定位在需要插入公式的位置，单击"插入"选项卡，在"符号"选项组中单击"公式"按钮，在弹出的下拉列表中选择"二项式定理"选项，如图1-56所示。

Step 02 返回Word文档中即可看到插入的公式，如图1-57所示。

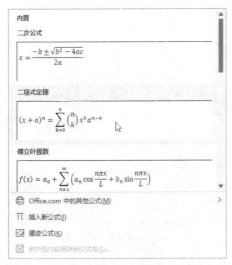

图1-56 选择"二项式定理"选项

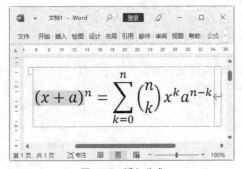

图1-57 插入公式

Step 03 插入公式后，窗口停留在"公式工具"→"设计"选项卡下，工具栏中提供一系列的工具模板按钮，单击"公式工具"→"设计"选项卡下的"符号"选项组中的"其他"按钮，在"基础数学"的面板中可以选择更多的符号类型，在"结构"选项组包含了多种公式，如图1-58所示。

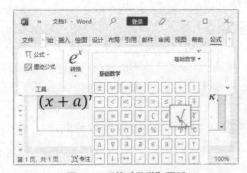

图1-58 "基础数学"面板

Step 04 在插入的公式中选择需要修改的公式部分，在"公式工具"→"设计"选项卡下的"符号"和"结构"选项组中选择将要用到的运算符号和公式，即可应用到插入的公式当中。这里单击"结构"选项组中的"分式"按钮，在其下拉列表中选择"dy/dx"选项，如图1-59所示。

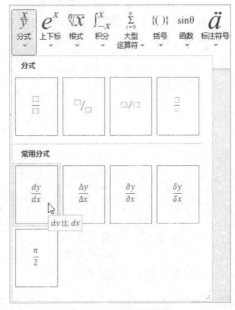

图1-59 选择常用分数

Step 05 单击即可改变文档中的公式，结果如图1-60所示。

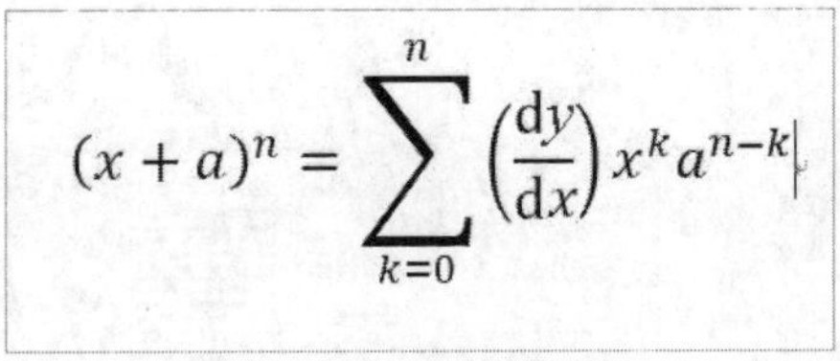

$$(x+a)^n = \sum_{k=0}^{n}\left(\frac{\mathrm{d}y}{\mathrm{d}x}\right)x^k a^{n-k}$$

图1-60 修改之后的公式

Step 06 在文档中单击公式左侧的图标，即可选中此公式，单击公式右侧的下拉三角按钮，在弹出的列表中选择"线性"选项，如图1-61所示，即可完成公式的改变。用户也可根据自己的需要进行更多操作。

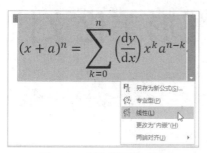

图1-61 选择"线性"选项

1.5.2 实战2：使用模板创建文档

使用模板可以创建新文档。文档模板分为两种类型，一种是系统自带的模板，一种是专业联机模板，使用这两种方法创建文档的步骤大致相同，下面以使用系统自带的模板为例进行讲解，具体的操作步骤如下。

Step 01 在Word 2021中，选择"文件"选项卡，在打开的"文件"界面中选择"新建"选项，在打开的可用模板设置区域中选择"书法字帖"选项，如图1-62所示。

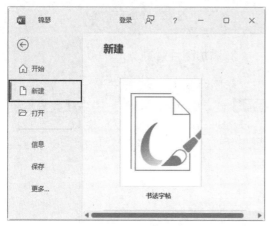

图1-62 选择"书法字帖"选项

Step 02 弹出"增减字符"对话框，在"可用字符"列表框中选择需要的字符，单击"添加"按钮可将所选字符添加至"已用字符"列表框，如图1-63所示。

Step 03 使用同样的方法，添加其他字符，添加完成后单击"关闭"按钮，完成书法字帖的创建，如图1-64所示。

图1-63 "增减字符"对话框

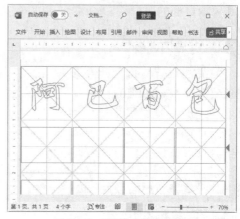

图1-64 以模板方式创建文档

💡**提示**：电脑在联网的情况下，可以在"搜索联机模板"文本框中，输入模板关键词进行搜索并下载，如图1-65所示。

图1-65 "新建"工作界面

第2章 使用图表图形美化文档

在Word文档中通过添加各种艺术字、图片、图形等元素的方式，可以达到美化文档内容的目的。本章将为读者介绍各种美化文档的方法。

2.1 设置页面效果

通过对文档页面效果的设置，可以完善和美化文档。文档页面效果的设置主要包括添加文档页面水印、设置页面背景颜色和添加页面的边框等。

2.1.1 设置页面颜色

为文档设置页面颜色可以增强文档的视觉效果。在Word 2021中，可以通过设置页面颜色改变整个页面的背景颜色，或者对整个页面进行渐变、纹理、图案和图片的填充等。

1. 设置纯色页面颜色

具体的操作步骤如下。

Step 01 新建Word文档，在其中输入童话故事，单击"设计"选项卡下"页面背景"组中的"页面颜色"按钮，在弹出的颜色列表中选择适当的背景颜色，如图2-1所示。

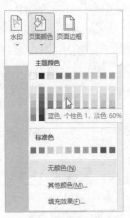

图2-1 选择颜色

Step 02 这样Word 2021就会自动地将选择的颜色作为背景应用到文档的所有页面上，如图2-2所示。

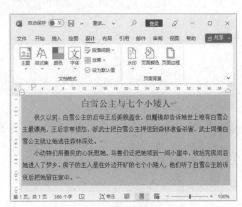

图2-2 添加页面颜色

2. 添加图片背景

具体的操作步骤如下。

Step 01 单击"设计"选项卡下"页面背景"选项组中的"页面颜色"按钮，在下拉列表中选择"填充效果"选项，如图2-3所示。

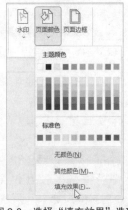

图2-3 选择"填充效果"选项

Step 02 在弹出的"填充效果"对话框中，选择"图片"选项卡，如图2-4所示。

图2-4 "图片"选项卡

Step 03 单击"选择图片"按钮，在弹出的"插入图片"对话框中，单击"从文件"选项，如图2-5所示。

图2-5 "插入图片"对话框

Step 04 弹出"选择图片"对话框，选择需要插入的图片，如图2-6所示。

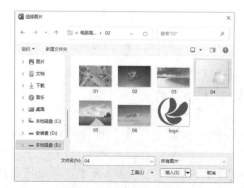

图2-6 "选择图片"对话框

Step 05 单击"插入"按钮，即可返回"填充效果"对话框，即可看到图片的预览效果，如图2-7所示。

图2-7 图片预览效果

Step 06 单击"确定"按钮，最终的图片填充效果如图2-8所示。

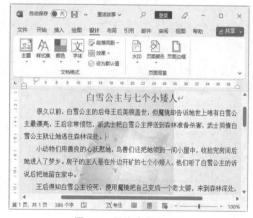

图2-8 图片填充的效果

2.1.2 设置页面边框

设置页面边框可以为打印出的文档增加美观的效果，特别是要设置一篇精美的文档时，添加页面边框是一个很好的办法，具体的操作步骤如下。

Step 01 单击"设计"选项卡下"页面背景"组中的"页面边框"按钮，打开"边框和底纹"对话框，在"页面边框"选项卡下"设置"选项组中选择边框的类型，在"样式"列表框中选择边框的线型，在"应用于"下拉列表中选择"整篇文档"选项，如图2-9所示。

图2-9 "边框和底纹"对话框

Step 02 单击"确定"按钮完成设置，为了方便查看页面边框的效果，可以在页面视图下修改页面的显示比例，如图2-10所示。

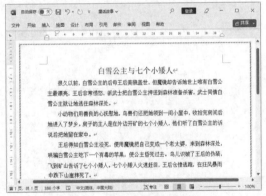

图2-10 添加页面边框后的效果

2.2 使用文本框美化文档

在Word文档中，可以通过插入文本框，设置首字下沉、首字悬挂以及设置艺术字样式等使文字看起来更加美观。

2.2.1 插入文本框

除了直接在文档中输入文字之外，用户还可以利用文本框的形式在文档中输入文字，具体的操作步骤如下。

Step 01 单击"插入"选项卡下"文本"选项组中的"文本框"按钮，从弹出的下拉菜单中选择"绘制竖排文本框"选项，此时鼠标指针变成十形状，在文档的合适位置绘制一个竖排文本框，如图2-11所示。

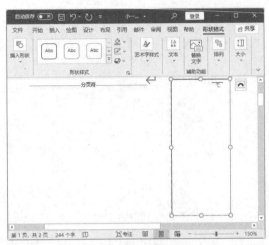

图2-11 绘制竖排文本框

Step 02 在文本框中输入实例的标题"小一班德育活动记录"，如图2-12所示。

图2-12 输入文本内容

Step 03 选中输入的字体，并单击"开始"选项卡，进入"开始"界面，单击"字体"选项组中的按钮，即可打开"字体"对话框，在其中设置字体样式，如图2-13所示。

Step 04 单击"确定"按钮，即可完成字体的设置操作，如图2-14所示。

图2-13　设置字体样式

图2-14　输入文本内容字体设置效果

Step 05 根据实际需要调整文本框的大小，以使文本框中的文本完全显示出来，并将文本框移动到合适的位置，如图2-15所示。

图2-15　调整文本框的大小和位置

Step 06 单击"插入"选项卡，进入"插入"界面，然后单击"文本"选项组中的"文本框"按钮，从弹出的菜单中选择"简单文本框"选项，此时系统在文档中会自动地插入一个简单文本框，在简单文本框中输入需要的文本内容，如图2-16所示。

图2-16　插入简单文本框

Step 07 选中竖排文本框，单击"格式"选项卡下"形状样式"选项组中的"形状轮廓"按钮，从弹出的下拉菜单中选择"无轮廓"选项，即可取消竖排文本框的边框，如图2-17所示。

图2-17　取消竖排文本框的边框

Step 08 运用同样的方法，即可将简单文本框也设置为无轮廓颜色，根据实际需要，调整简单文本框的位置，如图2-18所示。

图 2-18　设置简单文本框

2.2.2　插入艺术字

艺术字是一种具有特殊效果的文字，可通过插入艺术字来美化整个文档。在文档中插入艺术字的具体操作步骤如下。

Step 01 将光标定位到第一段落之前，然后按Enter键，即可在其前面添加一个空白行，并将光标定位到第一个空白行中，如图2-19所示。

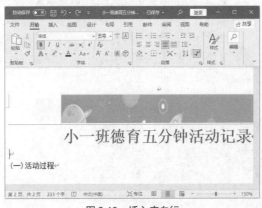

图 2-19　插入空白行

Step 02 单击"插入"选项卡下"文本"选项组中的"艺术字"按钮，即可弹出"艺术字样式"下拉菜单，如图2-20所示。

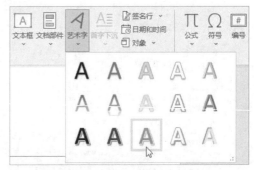

图 2-20　"艺术字样式"下拉菜单

Step 03 选择所需的艺术字样式，即可弹出艺术字文本框，如图2-21所示，直接输入需要的艺术字内容即可，如图2-22所示。

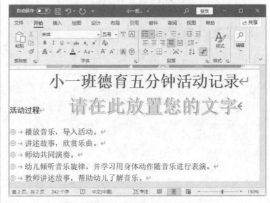

图 2-21　艺术字文本框

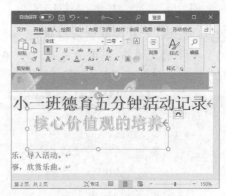

图 2-22　输入艺术字内容

Step 04 单击"形状样式"选项组中的"形状填充"按钮，从弹出的下拉菜单中选择"其他填充颜色"选项，即可打开"颜色"对话框，在"自定义"选项卡的"颜色"面板中选择需要填充的颜色，如图2-23所示。

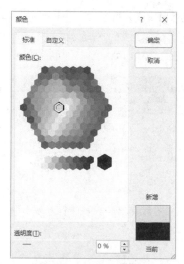

图 2-23　设置填充颜色

Step 05 单击"确定"按钮，即可完成艺术字的填充效果，如图2-24所示。

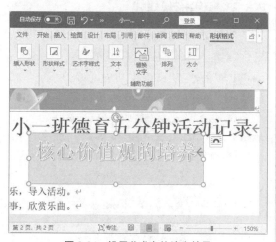

图 2-24　设置艺术字的填充效果

Step 06 单击"形状样式"选项组中的"形状轮廓"按钮，从弹出的下拉菜单中选择"其他轮廓颜色"选项，即可从打开的"颜色"对话框中选择轮廓的颜色，然后单击"确定"按钮，即可完成艺术字轮廓颜色的设置，如图2-25所示。

Step 07 右击插入的艺术字，从弹出的快捷菜单中选择"其他布局选项"选项，即可打开"布局"对话框，在"水平"列表框中选择"对齐方式"单选按钮，然后单击右侧下拉按钮，从弹出的菜单中选择"居中"选项，单击右侧的"相对于"下拉按

钮，从弹出的下拉菜单中选择"页面"选项，如图2-26所示。

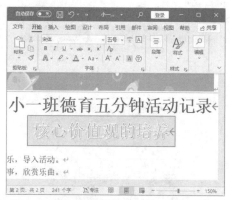

图 2-25　设置艺术字轮廓的颜色

图 2-26　"布局"对话框

Step 08 单击"确定"按钮，此时刚刚插入的艺术字就会居中显示，如图2-27所示。

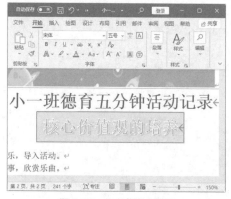

图 2-27　艺术字居中显示

Step 09 根据实际情况设置艺术字字体样式、颜色和艺术字文本框的大小，设置的最终效果如图2-28所示。

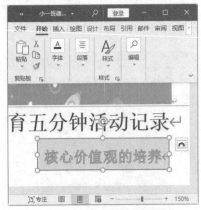

图2-28　艺术字的最终设置效果

2.3　使用形状美化文档

除了可以在文档插入图片之外，还可以在文档中插入形状，增加文档的可读性，使文档更加生动有趣。

2.3.1　插入基本形状

通过前面的介绍已经了解到，系统自带了大量的形状，这样用户就可以在文档中插入相应的形状，从而使整个文档更加灵动美观。具体的操作步骤如下。

Step 01 新建一个Word文档，将光标定位于需要插入形状的位置，单击"插入"选项卡下"插图"选项组中的"形状"按钮，从弹出的下拉菜单中选择"圆角矩形"选项，如图2-29所示。

图2-29　选择"圆角矩形"选项

Step 02 此时鼠标指针变成十形状，单击鼠标左键，在文档的合适处绘制一个圆角矩形，如图2-30所示。

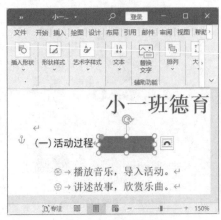

图2-30　绘制圆角矩形

2.3.2　编辑形状样式

如果对绘制图形的样式不满意，可以进行编辑，具体的操作步骤如下。

Step 01 单击"形状样式"选项组中的"形状填充"按钮，从弹出的下拉菜单中选择"其他填充颜色"选项，打开"颜色"对话框，在"自定义"选项卡的"颜色"面板中选择需要填充的颜色，如图2-31所示。

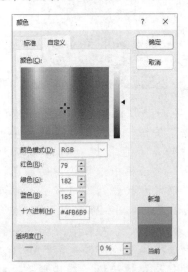

图2-31　"颜色"对话框

Step 02 单击"确定"按钮，即可完成绘制圆角矩形的填充，如图2-32所示。

图 2-32 圆角矩形的填充效果

Step 03 单击"形状样式"选项组中的"形状轮廓"按钮，从弹出的下拉菜单中选择"无轮廓"选项，此时的圆角矩形将无边框，如图2-33所示。

图 2-33 设置圆角矩形无边框

Step 04 在"排列"选项组中单击"自动换行"按钮，从弹出的菜单中选择"衬于文字下方"选项，然后根据实际需要调整该圆角矩形的位置和大小，使其位于文本"（一）活动过程"的下方，如图2-34所示。

图 2-34 调整圆角矩形的位置

Step 05 选中刚刚绘制的圆角矩形并右击，从弹出的快捷菜单中选择"复制"选项，然后按Ctrl+V组合键，此时即可在文档中粘贴一个相同的圆角矩形，并根据实际需要调整该圆角矩形的位置，如图2-35所示。

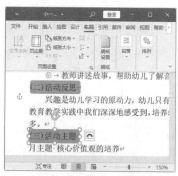

图 2-35 复制圆角矩形并调整位置

2.4 使用SmartArt图形

SmartArt图形是用来表现结构、关系或过程的图表，以非常直观的方式与读者交流信息。SmartArt图形包括图形列表、流程图、关系图和组织结构图等各种图形。

2.4.1 插入SmartArt图形

Word 2021中的SmartArt图形非常丰富，而且SmartArt图形中有专门的流程结构图，便于用户使用。具体的操作步骤如下。

Step 01 在"（一）活动过程"文本的后面添加一个空白行，如图2-36所示。

图 2-36 添加空白行

Step 02 单击"插入"选项卡下"插图"选项组中的"SmartArt"按钮，即可打开"选择SmartArt图形"对话框，如图2-37所示。根据需要在左侧列表框中选择SmartArt图形的类型，然后从右侧选择相应的布局。

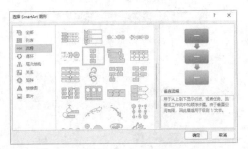

图 2-37 "选择 SmartArt 图形"对话框

Step 03 单击"确定"按钮，即可在文档中插入需要的SmartArt图形，如图2-38所示。

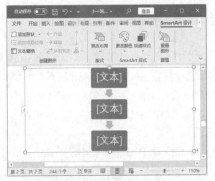

图 2-38 插入 SmartArt 图形

Step 04 选中最后一个形状，单击"SmartArt设计"选项卡下"创建图形"选项组中的"添加形状"按钮，从弹出的菜单中选择"在后面添加形状"选项，即可在后面添加一个形状，如图2-39所示。

图 2-39 添加形状

2.4.2 编辑SmartArt图形

SmartArt图形非常丰富，在插入SmartArt图形后，还可以根据需要对图形进行编辑，具体的操作步骤如下。

Step 01 在SmartArt图形中输入文字内容，如图2-40所示。

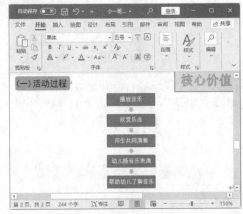

图 2-40 输入文字内容

Step 02 按住Ctrl键选择所有的形状，单击"开始"选项卡下"字体"选项组中的按钮，打开"字体"对话框，在其中设置字体样式，如图2-41所示。

图 2-41 "字体"对话框

Step 03 单击"确定"按钮，即可完成字体颜色、大小的设置操作，如图2-42所示。

Step 04 根据字体的大小调整SmartArt图形的大小，以使文本能够被容纳，如图2-43所示。

图 2-42　设置字体后的效果

图 2-45　形状填充效果

Step 07 按住Ctrl键选择所有的箭头并右击，从弹出的快捷菜单中选择"设置形状格式"选项，即可打开"设置形状格式"对话框，选中"纯色填充"单选按钮，然后单击"颜色"下拉按钮，从弹出的菜单中选择所需的颜色，如图2-46所示。

图 2-43　调整形状大小

Step 05 按住Ctrl键选择所有的形状并右击，从弹出的快捷菜单中选择"设置形状格式"选项，即可打开"设置形状格式"对话框，选中"纯色填充"单选按钮，然后单击"颜色"下拉按钮，从弹出的菜单中选择所需的颜色，如图2-44所示。

图 2-46　设置填充颜色

Step 08 单击"关闭"按钮，即可完成箭头的填充操作，如图2-47所示。

图 2-44　"设置形状格式"对话框

Step 06 单击"关闭"按钮，即可完成形状的填充操作，如图2-45所示。

图 2-47　箭头填充效果

23

2.5 使用表格美化文档

表格是由多个行或列的单元格组成，在Word 2021中插入表格的方法比较多，常用的方法有使用表格菜单插入表格、使用"插入表格"对话框插入表格和快速插入表格。

2.5.1 插入表格

在Word文档中插入表格的方法不止一种，这里只介绍其中的一种即可满足使用的需要，具体的操作步骤如下。

Step 01 将光标定位到"（三）活动主题"之前，按Enter键添加一个空白行，如图2-48所示。

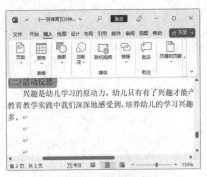

图2-48 插入空白行

Step 02 单击"插入"选项卡下"表格"选项组中的"表格"按钮，从弹出的菜单中选择"插入表格"选项，即可打开"插入表格"对话框，如图2-49所示。

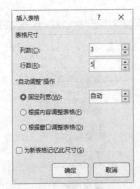

图2-49 "插入表格"对话框

Step 03 分别在"列数"和"行数"文本框

中输入相应的表格的列数和行数，并选中"根据窗口调整表格"单选按钮，然后单击"确定"按钮，即可插入需要的表格，如图2-50所示。

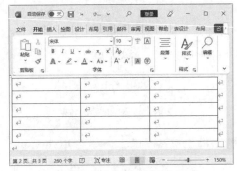

图2-50 在文档中插入表格

Step 04 将光标定位到第一行的第一个单元格中，然后输入文本内容"活动记录单"，如图2-51所示。

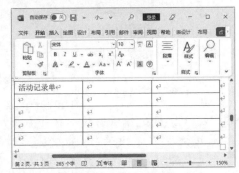

图2-51 输入文本内容

Step 05 运用同样的方法在单元格中输入其他的文本内容，如图2-52所示。

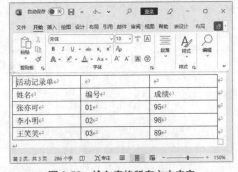

图2-52 输入表格所有文本内容

Step 06 选中表格单元格中输入的文本内容，单击"开始"选项卡下"段落"选项组中的"居中对齐"按钮，将表格中的文字居中显示，如图2-53所示。

图 2-53　居中显示表格中的文本内容

Step 07 选中第一行单元格，然后右击，从弹出的菜单中选择"合并单元格"选项，此时即可将该行单元格合并为一个，并将输入的标题居中显示，如图2-54所示。

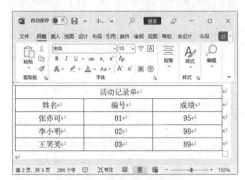

图 2-54　合并单元格效果

Step 08 选中整个表格，单击"表设计"选项卡下"表格样式"右侧的▽按钮，即可弹出"表格样式"下拉菜单，在其中选择需要的表格样式，即可使当前的表格套用所选表格样式，如图2-55所示。

图 2-55　套用表格样式

2.5.2　绘制表格

当用户需要创建不规则的表格时，以上的方法可能就不适用了，此时可以使用表格绘制工具来创建表格，例如在表格中添加斜线等，具体的操作步骤如下。

Step 01 选择"插入"选项卡，然后在"表格"组中选择"表格"下拉菜单中的"绘制表格"选项，鼠标指针变为铅笔形状。在需要绘制表格的地方单击并拖曳鼠标绘制出表格的外边界，形状为矩形，如图2-56所示。

图 2-56　绘制矩形

Step 02 在该矩形中绘制行线、列线或斜线，绘制完成后按Esc键退出，如图2-57所示。

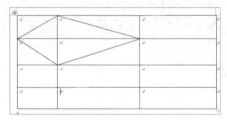

图 2-57　绘制其他表格线

Step 03 在建立表格的过程中，可能不需要部分行线或列线，此时单击"设计"选项卡下"绘图边框"选项组中的"擦除"按钮，鼠标指针变为橡皮擦形状，如图2-58所示。

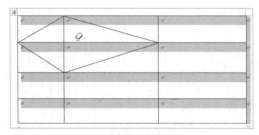

图 2-58　选择"擦除"选项

Step 04 在需要修改的表格内选择不需要的行线或列线，即可将多余的行线或列线擦掉，如图2-59所示。

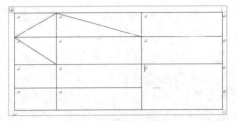

图 2-59 擦除表格边线

2.6 使用图表美化文档

通过使用Word 2021强大的图表功能，可以使表格中原本单调的数据信息变得生动起来，便于用户查看数据的差异和预测数据的趋势。

2.6.1 插入图表

在文档中插入图表的方法很简单，具体的操作步骤如下。

Step 01 单击"插入"选项卡下"插图"选项组中的"图表"按钮，打开"插入图表"对话框，如图2-60所示。

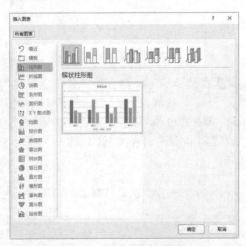

图 2-60 "插入图表"对话框

Step 02 在左侧的列表框中选择图表类型，在其右侧选择相应的图表的子类型，然后单击"确定"按钮，系统自动打开一个Excel窗口，如图2-61所示。

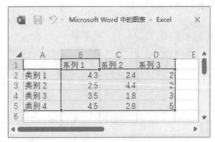

图 2-61 Excel 窗口

Step 03 依据实际情况对Excel窗口中的图表数据进行更改，其结果如图2-62所示。

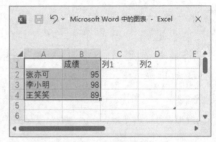

图 2-62 数据修改结果

Step 04 关闭Excel窗口，创建的图表即可显示出来，如图2-63所示。

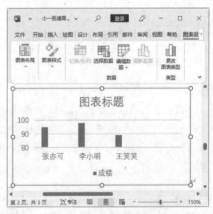

图 2-63 创建图表

Step 05 选中插入的图表，单击"设计"选项卡下"图表样式"选项组右侧的▽按钮，即可弹出"图表样式"下拉菜单，选择需要的图表样式并单击，即可使当前的图表套用所选图表样式，如图2-64所示。

Step 06 选中图表标题文本，在其中输入标题文字，然后在"开始"选项卡下的"字体"选项组中设置图表标题文本样式，效果如图2-65所示。

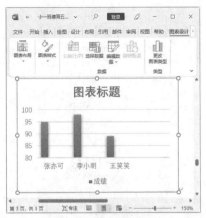

图2-64　套用图表样式

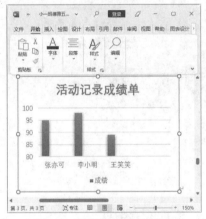

图2-65　标题文本设置的效果

Step 07 选中图表的整个绘图区并右击，从弹出的快捷菜单中选择"设置绘图区格式"选项，打开"设置绘图区格式"对话框，如图2-66所示。

图2-66　"设置绘图区格式"对话框

Step 08 在"填充"选项设置区域中选中"纯色填充"单选按钮，然后单击"颜色"下拉按钮，从弹出的菜单中选择相应的颜色选项，单击"关闭"按钮，即可完成绘图区的填充操作，如图2-67所示。

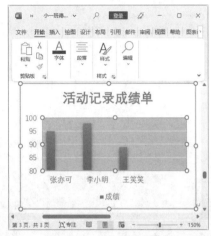

图2-67　填充绘图区

Step 09 在图表中，选中"张亦可"数据点，然后右击，即可弹出如图2-68所示的快捷菜单，选择"设置数据点格式"选项，即可打开"设置数据点格式"对话框，如图2-69所示。

图2-68　选择"设置数据点格式"选项

Step 10 单击"填充"选项，进入"填充"设置界面，选中"纯色填充"单选按钮，然后单击"颜色"下拉按钮，从弹出的菜单中选择相应的颜色选项，如图2-70所示。

图2-69　"设置数据点格式"对话框

图2-70　"填充"设置界面

Step 11 单击"边框"选项，进入"边框"设置界面，选中"实线"单选按钮，然后单击"颜色"下拉按钮，从弹出的菜单中选择边框的颜色，如图2-71所示。

图2-71　"边框"设置界面

Step 12 单击"关闭"按钮，即可显示出设置后的数据点效果，如图2-72所示。

Step 13 运用同样的方法，即可设置其他数据点，最终设置效果如图2-73所示。

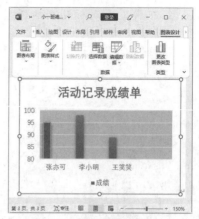

图2-72　数据点设置的效果

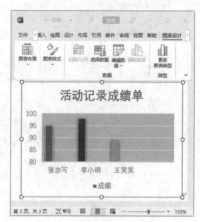

图2-73　图表最终设置的效果

2.6.2　添加图表数据

在制作图表的过程中，如果想在创建的图表中添加一些数据，只需进行如下的操作步骤。

Step 01 选中需要添加数据的图表，单击"图表设计"下"数据"选项组中的"编辑数据"按钮，即可打开Excel编辑窗口，可根据需要添加相应的数据，如图2-74所示。

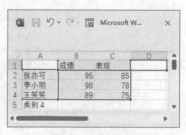

图2-74　添加数据

Step 02 数据添加完毕之后，关闭Excel窗口，即可完成图表中数据的添加操作，如图2-75所示。

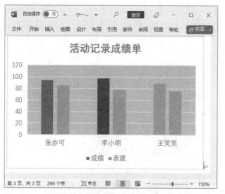

图 2-75 添加数据后的图表

2.6.3 更改图表类型

Word提供的图表有很多种，如果用户不满意创建的图表类型，可以重新更改，具体的操作步骤如下。

Step 01 选中需要修改类型的图表，单击"图表设计"下"类型"选项组中的"更改图表类型"按钮，即可打开"更改图表类型"对话框，如图2-76所示。

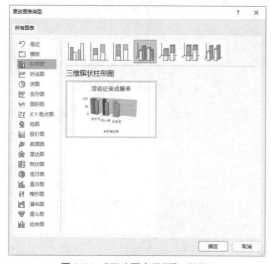

图 2-76 "更改图表类型"对话框

Step 02 选择所需的图表类型，然后单击"确定"按钮，即可完成图表类型的更改操作，如图2-77所示。

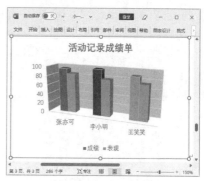

图 2-77 完成图表类型的更改

2.6.4 设置图表外观

对于图表，不仅可以设置其布局，对其外观也可以进行相应的设置，具体的操作步骤如下。

Step 01 打开需要设置外观的图表文档，并选中图表区，然后单击"图表设计"选项卡，在"图表样式"选项组中单击"图表样式"按钮，弹出"图表样式"面板，如图2-78所示。

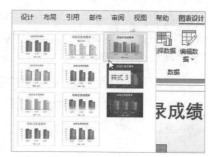

图 2-78 "图表样式"面板

Step 02 从面板中选择需要的样式即可完成图表样式的套用操作，如图2-79所示。

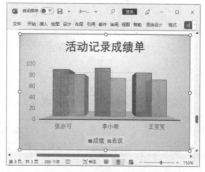

图 2-79 套用图表样式

Step 03 如果需要对图表中不同部分自定义设置样式，则需要选中要设置的部分，然后单击"格式"选项卡，在"形状样式"选项组中单击"其他"按钮，从弹出的菜单中选择相应的形状样式即可，如图2-80所示。

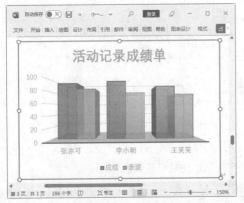

图 2-80 自定义设置样式

Step 04 除此之外，还可以为创建的图表中的文字设置艺术字效果。只需选中整个图表，然后单击"格式"选项卡，在"艺术字样式"选项中单击"其他"按钮，即可在弹出的菜单中选择相应的艺术字样式，如图2-81所示。

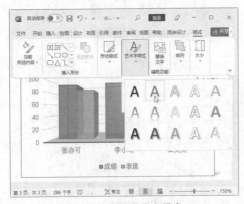

图 2-81 设置艺术字样式

2.7 高效办公技能实战

2.7.1 实战1：使用图片美化文档

通过在文档中添加图片，可以达到图

文并茂的效果。添加图片的具体操作步骤如下。

Step 01 新建Word文档，将光标定位于需要插入图片的位置，然后单击"插入"选项卡"插图"选项组中的"图片"按钮，在弹出的下拉列表中选择"此设备"选项，如图2-82所示。

图 2-82 选择"图片"按钮

Step 02 在弹出的"插入图片"对话框中选择需要插入的图片，如图2-83所示。

图 2-83 "插入图片"对话框

Step 03 单击"插入"按钮，即可插入该图片，将所需要的图片插入文档中的效果如图2-84所示。

图 2-84 插入图片的效果

Step 04 将光标放置在图片的周围，通过拖曳鼠标可以扩大或缩小图片，如图2-85所示。

图 2-85　调整图片的大小

Step 05 选择插入的图片，单击"图片工具"→"格式"选项卡下"图片样式"选项组中的 ⁻ 按钮，在弹出的下拉列表中选择任一选项，即可改变图片的样式，如图2-86所示。

图 2-86　选择图片样式

Step 06 选择插入的图片，单击"图片工具"→"格式"选项卡下"调整"选项组中"校正"按钮右侧的下拉按钮，在弹出的下拉列表中选择任一选项，即可改变图片的锐化/柔化以及亮度/对比度，如图2-87所示。

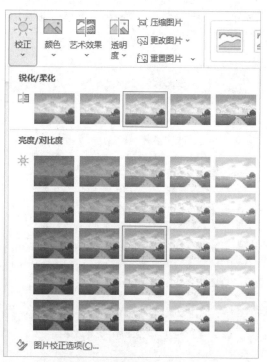

图 2-87　更改图片的亮度与对比度

Step 07 选择插入的图片，单击"图片工具"→"格式"选项卡下"调整"选项组中"颜色"按钮右侧的下拉按钮，在弹出的下拉列表中选择任一选项，即可改变图片的饱和度和色调，如图2-88所示。

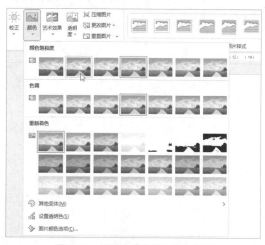

图 2-88　调整图片的饱和度和色调

Step 08 选择插入的图片，单击"图片工具"→"格式"选项卡下"调整"选项组中"艺术效果"按钮右侧的下拉按钮，在弹出的下拉列表中选择任一选项，即可改变图片的艺术效果，如图2-89所示。

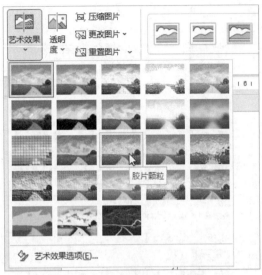

图 2-89　调整图片的艺术效果

2.7.2　实战2：导出文档中的图片

如果发现某一篇文档中的图片比较好，希望将图片保存到电脑中，这时可以导出文档中的图片，具体的操作步骤如下。

Step 01 在需要保存的图片上右击，在弹出的快捷菜单中选择"另存为图片"选项，如图2-90所示。

图 2-90　选择"另存为图片"选项

Step 02 在弹出的"另存为图片"对话框中选择保存的路径和文件名，在"保存类型"下拉列表中选择"JPEG文件交换格式"选项，如图2-91所示，单击"保存"按钮即可。

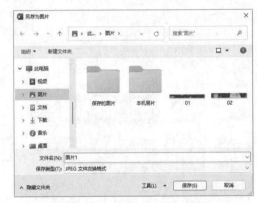

图 2-91　"另存为图片"对话框

第3章　Word的高级应用

对于文字内容较多、篇幅相对较长、文档层次结构相对复杂的文档，如毕业论文、商业报告等，需要对其进行排版操作。使用Word 2021的页面设置、样式与格式、分栏及目录等常用功能，可以排版复杂文档。

3.1　页面排版设置

通过对文档进行排版设计，可以使文本便于阅读，而且版面会显得更生动活泼。文档的页面排版设置包括纸张大小、页边距、文档网格和版面等。

3.1.1　设置文字方向

在Word 2021中输入内容后，默认的文字排列方向是水平的。有时候为了排版上的美观，常常将文档的文字排列方向设置为垂直的，具体的操作步骤如下。

Step 01 新建Word文档，在其中输入古诗，然后单击"布局"选项卡下"页面设置"选项组中的"文字方向"按钮，在弹出的下拉列表中选择"垂直"选项，如图3-1所示。

图 3-1　选择文字方向

Step 02 文档中的文本内容将以"垂直"方式显示，如图3-2所示。

图 3-2　以垂直方式显示文本

3.1.2　设置纸张方向

默认情况下，Word创建的文档是纵向排列的，用户可以根据需要调整纸张的大小和方向，具体的操作步骤如下。

Step 01 单击"布局"选项卡下"页面设置"组中的"纸张方向"按钮，在"纸张方向"下拉列表中可以设置纸张的方向为"横向"或"纵向"，如图3-3所示。

图 3-3　选择纸张方向

Step 02 单击"布局"选项卡"页面设置"选项组中的"纸张大小"按钮，在弹出的下拉列表中可以选择纸张大小，如单击"A4"选项，如图3-4所示。

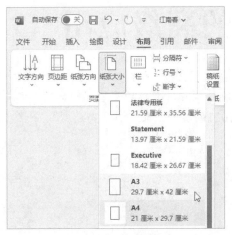

图 3-4　选择纸张大小

提示：也可以在"页面设置"对话框的"页边距"选项卡中，在"纸张方向"区域设置纸张的方向。

3.1.3　设置页面版式

版式即版面格式，具体指的是开本、版心和周围空白的尺寸等项的排法。设置页面版式的具体操作步骤如下。

Step 01 新建Word文档，在其中输入一则童话故事，然后单击"布局"选项卡下"页面设置"选项组中的"页面设置"按钮，如图3-5所示。

图 3-5　单击"页面设置"按钮

Step 02 在弹出的"页面设置"对话框中选择"布局"选项卡，在"节"选项组的"节的起始位置"下拉列表中选择"新建页"选项，在"页眉和页脚"选项组中勾选"奇偶页不同"复选框，在"页面"选项组的"垂直对齐方式"下拉列表中选择"居中"选项，如图3-6所示。

图 3-6　"页面设置"对话框

Step 03 单击"行号"按钮，打开"行号"对话框，勾选"添加行编号"复选框，设置"起始编号"为"1"、"距正文"为"自动"、"行号间隔"为"1"，在"编号"选项组中选中"每页重新编号"单选按钮，如图3-7所示。

图 3-7　"行号"对话框

Step 04 单击"确定"按钮返回"页面设置"对话框，用户可以在"预览"选项组中查看设置的效果，单击"确定"按钮即可完成对页面版式的设置，如图3-8所示。

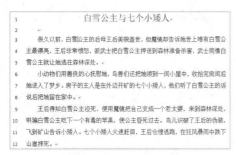

图3-8　添加行号后的效果

3.2　分栏排版文档

Word的分栏排版功能，可以使文本便于阅读，而且版面会显得更生动活泼。在分栏的外观设置上，Word具有很大的灵活性，可以控制栏数、栏宽及栏间距，还可以很方便地设置分栏长度。

3.2.1　创建分栏版式

设置分栏，就是将某一页、某一部分的文档或者整篇文档分成具有相同栏宽或者不同栏宽的多个分栏，具体的操作步骤如下。

Step 01 新建Word文档，在其中输入文字信息，单击"布局"选项卡下"页面设置"选项组中的"栏"按钮，在弹出的下拉列表中可以选择预设好的"一栏""两栏""三栏""偏左""偏右"，也可以选择"更多栏"选项，如图3-9所示。

图3-9　选择分栏

Step 02 选择"更多栏"选项，弹出"栏"对话框，在"预设"选项组中选择"两栏"选项，再选中"栏宽相等"和"分隔线"两个复选框，其他各选项使用默认设置即可，如图3-10所示。

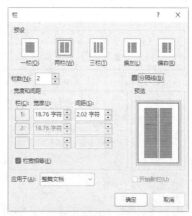

图3-10　"栏"对话框

Step 03 单击"确定"按钮即可将整篇文档分为两栏，如图3-11所示。

图3-11　分栏显示效果

提示：要设置不等宽的分栏版式时，应先不勾选"栏"对话框中的"栏宽相等"复选框，然后在"宽度和间距"选项组中逐栏输入栏宽和间距即可。

3.2.2　调整栏宽和栏数

用户设置好分栏版式后，如果对栏宽和栏数不满意，则可通过拖曳鼠标调整栏宽，也可以通过设置"栏"对话框调整栏宽和栏数。

1. 拖曳鼠标调整栏宽

移动鼠标指针到标尺上要改变栏宽的

栏的左边界或右边界处，待鼠标指针变成一个水平方向的双向箭头形状时按下鼠标左键，然后拖曳栏的边界即可调整栏宽，如图3-12所示。

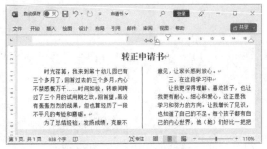

图3-12　通过拖曳鼠标调整栏宽

2. 精准调整栏宽

拖曳鼠标调整栏宽的方法虽然简单，但是不够精确，精确地调整栏宽的操作步骤如下。

Step 01 单击"布局"选项卡下"页面设置"选项组中的"栏"按钮，在弹出的下拉列表中选择"更多栏"选项，弹出"栏"对话框，在"宽度和间距"选项组中设置所需的栏宽，如图3-13所示。

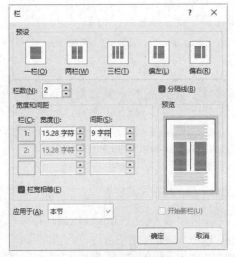

图3-13　"栏"对话框

Step 02 单击"确定"按钮即可完成对分栏宽度的设置，如图3-14所示。

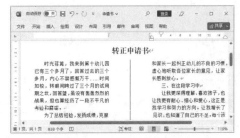

图3-14　调整分栏的宽度

3. 调整栏数

需要调整分栏的栏数时，只需要在"栏"对话框的"栏数"微调框中输入栏数值即可。另外，还可以使用工具栏按钮来调整栏数，单击"布局"选项卡下"页面设置"选项组中的"栏"按钮，在弹出的下拉列表中选择"三栏"选项，此时文档被分为三栏，如图3-15所示。

图3-15　三栏版本

3.2.3　单栏、多栏混合排版

混合排版就是对文档的一部分进行多栏排版，另一部分进行单栏排版。进行混合排版时，需要进行多栏排版的文本应单独选定，然后单击"栏"按钮，设置选中文本的分栏栏数即可，如图3-16所示。

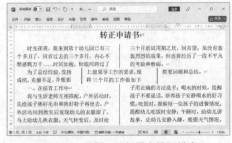

图3-16　单栏、双栏混合排版样式

3.3　使用样式与格式

样式包含字符样式和段落样式，字符样式的设置以单个字符为单位，段落样式的设置是以段落为单位。字符样式可以应用于任何文字，包括字体、字号大小和修饰等，段落样式应用于整个文档，包括字体、行间距、对齐方式、缩进格式、制表位、边框和编号等。

3.3.1　查看样式

样式是被命名并保存的特定格式的集合，它规定了文档中正文和段落等的格式。使用"应用样式"面板查看样式的具体操作步骤如下。

Step 01 新建Word文档，在其中输入文字信息，单击"开始"选项卡下"样式"选项组中的"其他"按钮，在弹出的下拉列表中选择"应用样式"选项，如图3-17所示。

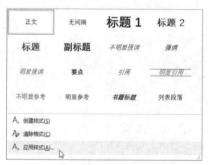

图3-17　选择"应用样式"选项

Step 02 弹出"应用样式"面板，将鼠标指针置于文档中的任意位置处，相对应的样式将会在"样式名"下拉列表中显示出来，如图3-18所示。

图3-18　"应用样式"面板

3.3.2　应用样式

应用样式的方法主要有两种，一种是快速使用样式，另一种是使用样式列表。

1. 快速使用样式

Step 01 新建Word文档，在其中输入文字信息，选择要应用样式的文本（或者将鼠标光标定位在要应用样式的段落内），这里将光标定位至第一段落内，如图3-19所示。

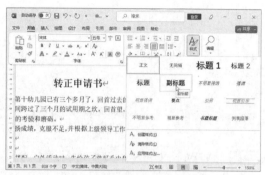

图3-19　选择应用样式的文本

Step 02 单击"开始"选项卡下"样式"选项组中的"其他"按钮，从弹出的"样式"下拉列表中选择"标题"样式，此时第一段即变为标题样式，如图3-20所示。

图3-20　应用选择的标题样式

2. 使用样式列表

Step 01 选中需要应用样式的文本，如图3-21所示。

Step 02 在"开始"选项卡的"样式"选项组中单击"样式"按钮，弹出"样式"面板，在列表中单击需要的样式选项即可，如单击"标题3"选项，如图3-22所示。

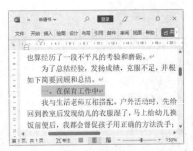

图 3-21　选择文本

图 3-22　"样式"面板

Step 03 返回Word文档中，可以看到选中的文本应用了标题3样式，如图3-23所示。

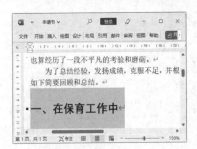

图 3-23　应用选择的样式

3.3.3　自定义样式

当系统内置的样式不能满足需求时，用户还可以自行创建样式，具体的操作步骤如下。

Step 01 新建Word文档，在其中输入文字信息，选中需要应用样式的文本，或者将插入符移至需要应用样式的段落内的任意一个位置，然后在"开始"选项卡的"样式"组中单击"样式"按钮🗗，弹出"样式"面板，如图3-24所示。

图 3-24　"样式"面板

Step 02 单击"新建样式"按钮🅰，弹出"根据格式化创建新样式"对话框，如图3-25所示。

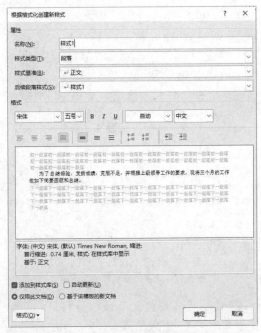

图 3-25　"根据格式化创建新样式"对话框

Step 03 在"名称"文本框中输入新建样式的名称，例如输入"内正文"，在"样式类型""样式基准""后续段落样式"下拉列表中选择需要的样式类型或样式基准，并在"格式"区域根据需要设置字体格式，如图3-26所示。

Step 04 单击左下角的"格式"按钮，在弹出的下拉列表中选择"段落"选项，如图3-27所示。

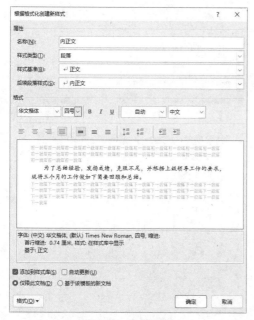

图 3-26 设置样式

图 3-28 设置特殊格式

图 3-27 选择"段落"选项

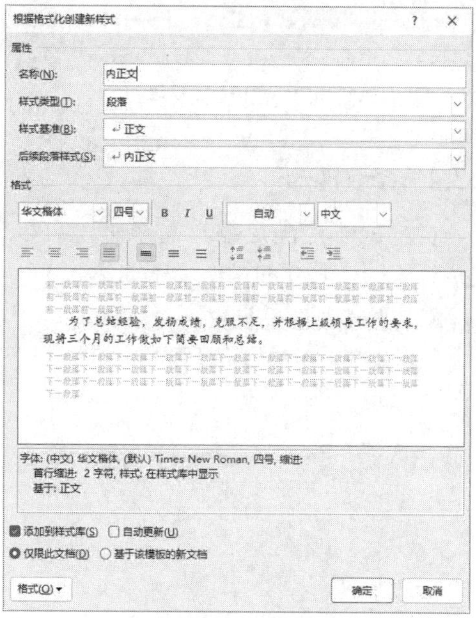

图 3-29 预览效果

Step 05 弹出"段落"对话框，在其中设置首行缩进2字符，单击"确定"按钮，如图3-28所示。

Step 06 返回"根据格式化创建新样式"对话框，在中间区域可预览效果，如图3-29所示，单击"确定"按钮。

Step 07 在"样式"面板中可以看到创建的新样式，在文档中显示设置后的效果，如图3-30所示。

Step 08 选择其他要应用该样式的段落，单击"样式"面板中的"内正文"样式，即可将该样式应用到新选择的段落，如图3-31所示。

图 3-30　创建新样式后的"样式"面板

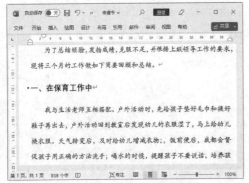

图 3-31　应用自定义样式

3.3.4　修改样式

当样式不能满足编辑需求时，可以对其进行修改，具体的操作步骤如下。

Step 01 在"样式"面板中单击下方的"管理样式"按钮，如图3-32所示。

图 3-32　"样式"面板

Step 02 弹出"管理样式"对话框，在"选择要编辑的样式"列表框中单击需要修改的样式名称，然后单击"修改"按钮，如图3-33所示。

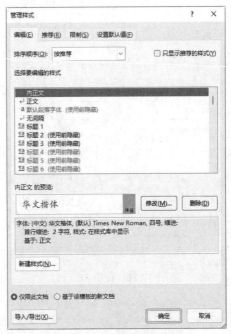

图 3-33　"管理样式"对话框

Step 03 弹出"修改样式"对话框，在其中可以根据需要设置字体、字号、加粗、段间距、对齐方式和缩进量等选项，单击"修改样式"对话框中的"确定"按钮，完成样式的修改，如图3-34所示。

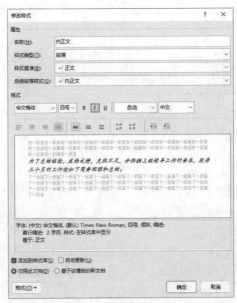

图 3-34　"修改样式"对话框

Step 04 单击"管理样式"对话框中的"确定"按钮返回，修改后的效果如图3-35所示。

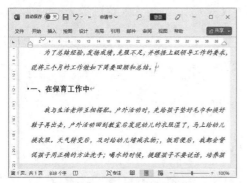

图3-35 应用修改后的样式

3.3.5 清除样式

当需要清除某段文字的格式时，选择该段文字，单击"开始"选项卡下"样式"选项组中的"其他"按钮，在弹出的下拉列表中选择"清除格式"选项，如图3-36所示，即可清除该段落的样式，效果如图3-37所示。

图3-36 选择"清除格式"选项

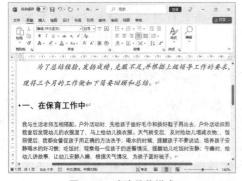

图3-37 清除段落样式

3.4 创建目录

编制文档的目录和索引可以帮助用户方便、快捷地查阅有关的内容。编制目录就是列出文档中各级标题以及每个标题所在的页码。编制索引实际上就是根据某种需要，将文档中的一些单词、词组或者短语单词列出来并标明它们所在的页码。

3.4.1 创建文档目录

插入文档的页码并为目录段落设置大纲级别是提取目录的前提条件。设置段落级别并提取目录的具体操作步骤如下。

Step 01 新建Word文档，在其中输入文字信息，将光标定位在"转正申请书"段落任意位置，单击"引用"选项卡下"目录"选项组中的"添加文字"按钮，在弹出的下拉列表中选择"1级"选项，如图3-38所示。

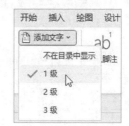

图3-38 选择"1级"选项

Step 02 将光标定位在"一、在保育工作中"段落任意位置，单击"引用"选项卡下"目录"选项组中的"添加文字"按钮，在弹出的下拉列表中选择"2级"选项，如图3-39所示。

图3-39 选择"2级"选项

Step 03 使用"格式刷"快速设置其他标题级别，如图3-40所示。

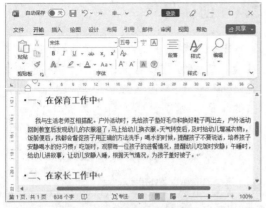

图 3-40　设置其他段落级别

Step 04 为文档插入页码，然后将光标移至"转正申请书"文字前面，按Ctrl+Enter键插入空白页，然后将光标定位在第1页中，单击"引用"选项卡下"目录"选项组中的"目录"按钮，在弹出的下拉列表中选择"自定义目录"选项，如图3-41所示。

图 3-41　选择"自定义目录"选项

Step 05 在弹出的"目录"对话框中，选择"格式"下拉列表中的"正式"选项，在"显示级别"微调框中输入或者选择显示级别为"2"，在预览区域可以看到设置后的效果，如图3-42所示。

图 3-42　"目录"对话框

Step 06 单击"确定"按钮，此时就会在指定的位置建立目录，如图3-43所示。

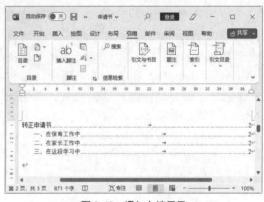

图 3-43　添加文档目录

提示： 提取目录时，Word会自动将插入的页码显示在标题后。在建立目录后，还可以利用目录快速地查找文档中的内容。将鼠标指针移动到目录中要查看的内容上，按下Ctrl键，鼠标指针就会变为小手形状，单击鼠标即可跳转到文档中的相应标题处。

3.4.2　更新文档目录

编制目录后，如果在文档中进行了增加或删除文本的操作而使页码发生了变化，或者在文档中标记了新的目录项，则需要对编制的目录进行更新，具体的操作步骤如下。

Step 01 右击选中的目录，在弹出的快捷菜单中选择"更新域"选项，如图3-44所示。

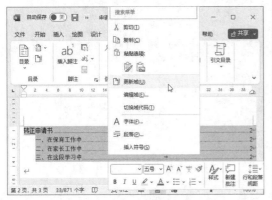

图 3-44　选择"更新域"选项

Step 02 弹出"更新目录"对话框，在其中选中"更新整个目录"单选按钮，单击"确定"按钮即可完成对文档目录的更新，如图3-45所示。

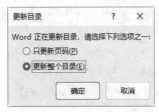

图 3-45　"更新目录"对话框

3.5　批注文档

当需要对文档中的内容添加某些注释或修改意见时，就需要添加一些批注。批注不影响文档的内容，而且文字是隐藏的，同时，系统还会为批注自动赋予不重复的编号和名称。

3.5.1　插入批注

对批注的操作主要有插入、查看、快速查看、修改批注格式与批注者及删除文档中的批注等。在文档中插入批注的具体操作步骤如下。

Step 01 新建Word文档，在其中输入出纳岗位职责文字信息，在文档中选择要添加批注

的文字，然后单击"审阅"选项卡下"批注"选项组中的"新建批注"按钮，如图3-46所示。

图 3-46　选择"新建批注"按钮

Step 02 在后方的批注框中输入批注的内容即可，如图3-47所示。

图 3-47　输入批注内容

💿提示：选择要添加批注的文本并右击，在弹出的快捷菜单中选择"新建批注"选项也可以快速添加批注。此外，还可以将"插入批注"按钮添加至快速访问工具栏。

3.5.2　编辑批注

如果对批注的内容不满意，可以修改批注，修改批注的方法为：直接单击需要修改的批注，进入编辑状态，修改批注即可，如图3-48所示。

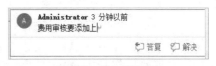

图 3-48　进入编辑模式

💿提示：在已经添加的批注框上右击，在弹出的快捷菜单中选择"答复批注"选项，可以对批注进行答复，如图3-49所示。

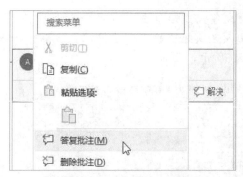

图 3-49　选择"答复批注"选项

3.5.3　删除批注

当不需要文档中的批注时，用户可以将其删除，删除批注常用的方法有三种。

1. 使用"删除"按钮

选择要删除的批注，此时"审阅"选项卡下"批注"组的"删除"按钮处于可用状态，单击该按钮即可将选中的批注删除，如图3-50所示。

图 3-50　选择"删除"选项

2. 使用快捷菜单命令

在需要删除的批注上右击，在弹出的快捷菜单中选择"删除批注"选项即可删除选中的批注，如图3-51所示。

3. 删除所有批注

单击"审阅"选项卡下"修订"选项组中"删除"按钮下方的下拉按钮，在弹出的快捷菜单中选择"删除文档中的所有批注"选项，可删除所有的批注，如图3-52所示。

图 3-51　选择"删除批注"选项

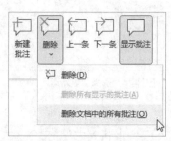

图 3-52　删除文本中的所有批注

3.6　修订文档及接受或拒绝修订

修订能够让作者跟踪多位审阅者对文档所做的修改，这样作者可以一个接一个地复审这些修改，并用约定的原则来接受或者拒绝所做的修订。

3.6.1　修订文档

修订文档首先需要使文档处于修订的状态，然后才能记录修订内容。修订文档的具体操作步骤如下。

Step 01 打开一个需要修订的文档，选择"审阅"选项卡，在"修订"选项组中单击"修订"按钮，如图3-53所示，使文档处于修订状态。

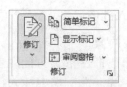

图 3-53　单击"修订"按钮

Step 02 在文档中开始修订文档，文档会自动将修订的过程显示出来，如图3-54所示。

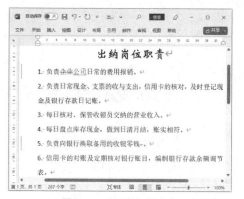

图 3-54 显示修订的内容

3.6.2 接受修订

如果修订的内容是正确的，这时就可以接受修订。将光标放在需要接受修订的内容处，然后单击"审阅"选项卡下"更改"选项组中的"接受"按钮，如图3-55所示，即可接受文档中的修订，此时系统将选中下一条修订。

图 3-55 单击"接受"按钮

如果所有修订都是正确的，需要全部接受，可以使用"接受所有修订"命令。单击"审阅"选项卡下"更改"选项组中"接受"按钮下方的下拉按钮，在弹出的下拉列表中选择"接受所有修订"选项，即可接受所有修订，如图3-56所示。

图 3-56 选择"接受所有修订"选项

3.6.3 拒绝修订

如果要拒绝修订，可以将光标放在需要删除修订的内容处，单击"审阅"选项卡下"更改"选项组中的"拒绝"按钮，如图3-57所示，即可拒绝文档中的修订，此时系统将选中下一条修订。

图 3-57 单击"拒绝"按钮

如果想要拒绝文档中的所有修订，可以使用"拒绝所有修订"命令。单击"审阅"选项卡下"更改"选项组中"拒绝"按钮下方的下拉按钮，在弹出的下拉列表中选择"拒绝所有修订"选项，如图3-58所示，即可拒绝所有修订，并将文档中的修订全部删除。

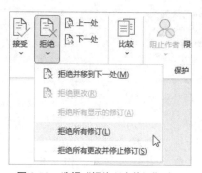

图 3-58 选择"拒绝所有修订"选项

3.7 定位、查找与替换

利用Word可以进行定位，例如定位至文档的某一页、某一行等，查找功能可以帮助读者查找到要查找的内容，用户也可以使用替换功能将查找到的文本或文本格式替换为新的文本或文本格式。

3.7.1 定位文档

定位也是一种查找，它可以定位到一

个指定位置，如某一行、某一页或某一节等。将光标定位在某一行的具体操作步骤如下。

Step 01 新建Word文档，在其中输入出纳岗位职责文字信息，单击"开始"选项卡下"编辑"选项组中"查找"按钮右侧的下拉按钮，在弹出的下拉菜单中选择"转到"选项，如图3-59所示。

图3-59　选择"转到"选项

Step 02 弹出"查找和替换"对话框，并自动选择"定位"选项卡，如图3-60所示。

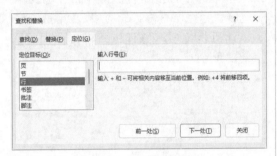

图3-60　"定位"选项卡

Step 03 在"定位目标"列表框中选择定位方式，如这里选择"行"，在右侧"输入行号"文本框中输入行号，这里输入6，定位到第6行，如图3-61所示。

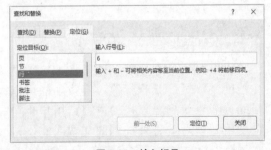

图3-61　输入行号

Step 04 单击"定位"按钮，即可定位至选择的位置，如图3-62所示。

图3-62　定位到第6行

3.7.2　查找文本

查找功能可以帮助用户定位到目标位置以便快速找到想要的信息。查找分为查找和高级查找。

1. 查找

Step 01 新建Word文档，在其中输入考勤管理工作标准信息，单击"开始"选项卡下"编辑"选项组中"查找"按钮右侧的下拉按钮，在弹出的下拉菜单中选择"查找"选项，如图3-63所示。

图3-63　选择"查找"选项

Step 02 在文档的左侧打开"导航"面板，在下方的文本框中输入要查找的内容。这里输入"考勤"，如图3-64所示。

图3-64　输入查找内容

Step 03 此时在文本框的下方提示"8个结果"，并且在文档中查找到的内容都会以黄色背景显示，如图3-65所示。

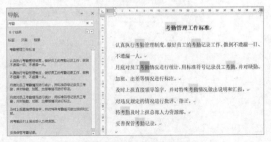

图3-65　显示查找结果

2. 高级查找

Step 01 单击"开始"选项卡下"编辑"选项组中"查找"按钮右侧的下拉按钮，在弹出的下拉菜单中选择"高级查找"命令，弹出"查找和替换"对话框，在"查找"选项卡的"查找内容"文本框中输入要查找的内容，如图3-66所示。

图3-66 "查找和替换"对话框

Step 02 单击"查找下一处"按钮，Word即可开始查找，如果查找不到，则弹出信息提示框，提示未找到搜索项，如图3-67所示。

图3-67 信息提示框

Step 03 单击"是"按钮返回，如果查找到文本，Word将会定位到文本位置并将查找到的文本背景用灰色显示，如图3-68所示。

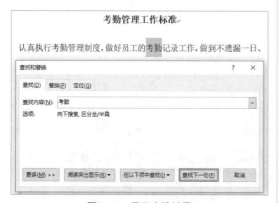

图3-68 显示查找结果

3.7.3 替换文本

在编辑文档的过程中，如果需要修改文档中多个相同的内容，而这个文档的内容又比较冗长的时候，就需要借助于Word 2021的替换功能来实现，具体的操作步骤如下。

Step 01 新建Word文档，在其中输入考勤管理工作标准信息，单击"开始"选项卡中的"替换"按钮，如图3-69所示。

图3-69 单击"替换"按钮

Step 02 弹出"查找和替换"对话框，并在"查找内容"文本框中输入查找的内容，在"替换为"文本框中输入要替换的内容，如图3-70所示。

图3-70 "查找和替换"对话框

Step 03 如果只希望替换当前光标的下一个"考勤"文字，则单击"替换"按钮，如果希望替换Word文档中的所有"考勤"，则单击"全部替换"按钮，替换完毕后会弹出一个替换数量提示，如图3-71所示。

图3-71 替换数量提示

Step 04 单击"确定"按钮关闭提示信息，返回"查找和替换"对话框，然后关闭该对话框，即可在Word文档中看到替换后的效果，如图3-72所示。

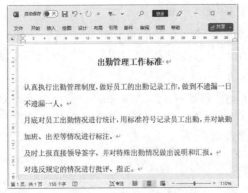

图 3-72　替换文本后的效果

3.8　高效办公技能实战

3.8.1　实战1：统计文档字数与页数

在创建了一篇文档并输入完文本内容以后常常需要统计字数，Word 2021中文版提供了方便的字数统计功能。使用选项卡实现统计字数的具体操作步骤如下。

Step 01 打开需要统计字数的文档，单击"审阅"选项卡下"校对"选项组中的"字数统计"按钮，如图3-73所示。

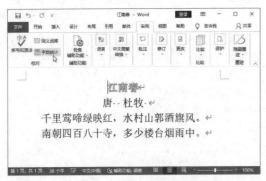

图 3-73　选择"字数统计"按钮

Step 02 弹出"字数统计"对话框，其中将显示"页数""字数""字符数（不计空格）""字符数（计空格）""段落数""行""非中文单词""中文字符和朝鲜语单词"等统计信息，用户可以根

据不同的统计信息来统计字数，如图3-74所示。

图 3-74　"字数统计"对话框

3.8.2　实战2：给文档添加水印背景

水印是一种特殊的背景，可以设置在页中的任何位置，在Word 2021中，图片和文字均可设置为水印。在文档中设置水印效果的具体操作步骤如下。

Step 01 新建Word文档，单击"设计"选项卡下"页面背景"选项组中的"水印"按钮，在弹出的下拉列表中选择"自定义水印"选项，如图3-75所示。

图 3-75　选择"自定义水印"选项

Step 02 弹出"水印"对话框，选中"文字水印"单选按钮，在"文字"文本框中输入"公司绝密"，并设置其"字体"为"宋体"，在颜色下拉列表中设置水印"颜色"为"红色"，"版式"为"斜式"，

如图3-76所示。

图 3-76　"水印"对话框

Step 03 单击"确定"按钮，返回Word文档中，可以看到添加水印的效果，如图3-77所示。

💡**提示：** 用户也可使用Word中内置的水印样式，不仅方便快捷，而且样式也多。图3-78所示为系统内置的免责声明水印样式。

图 3-77　水印效果

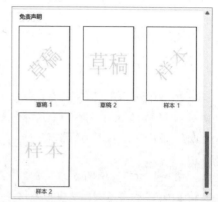

图 3-78　内置水印效果

第4章 使用Excel编辑数据

Excel 2021是办公自动化应用软件之一，广泛应用于财政、金融、统计、管理等应用领域，成为用户处理数据信息、进行数据统计分析工作的得力工具。本章通过制作一些常见的工作表来帮助读者了解Excel 2021编辑数据的功能。

4.1 在单元格中输入数据

在单元格中输入的数据主要包括4种，分别是文本、数值、日期和时间、特殊符号，下面分别介绍输入的方法。

4.1.1 输入文本

文本是Excel工作表中常见的数据类型之一。当在单元格中输入文本时，既可以直接在单元格中输入，也可以在编辑栏中输入，具体的操作步骤如下。

Step 01 启动Excel 2021，新建一个工作簿。单击选中单元格A1，输入所需的文本。例如，输入"春眠不觉晓"，此时编辑栏中将会自动显示输入的内容，如图4-1所示。

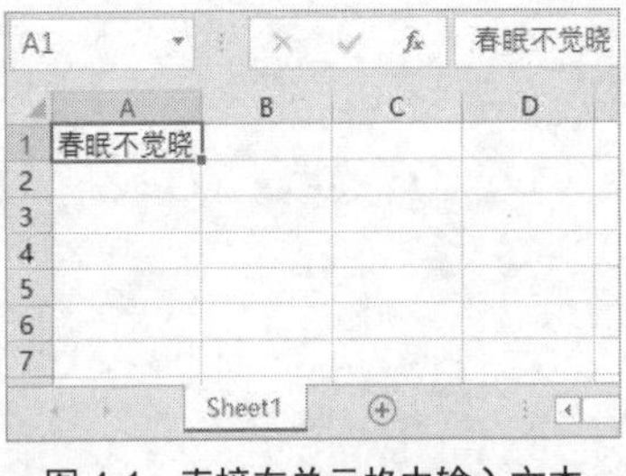

图 4-1 直接在单元格中输入文本

Step 02 单击选中单元格A2，在编辑栏中输入文本"处处闻啼鸟"，此时单元格中也会显示输入的内容，然后按下Enter键，即可确定输入，如图4-2所示。

◎提示：在默认情况下，Excel会将输入文本的对齐方式设置为"左对齐"。

在输入文本时，若文本的长度大于单元格的列宽，文本会自动占用相邻的单元格，若相邻的单元格中已存在数据，则会截断显示，如图4-3所示。被截断显示的文本依然存在，只需增加单元格的列宽即可显示。

图 4-2 在编辑栏中输入文本

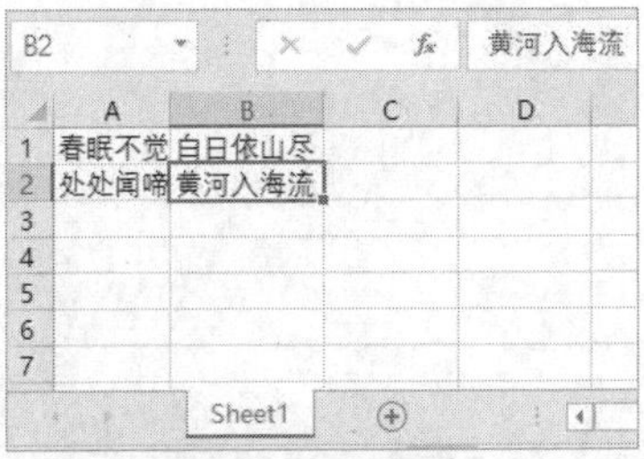

图 4-3 文本截断显示

◎提示：如果想在一个单元格中输入多行数据，在换行处按下Alt+Enter组合键即可换行，如图4-4所示。

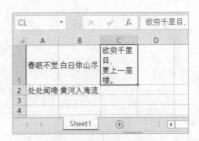

图 4-4 换行显示数据

以上只是输入一些普通的文本，若需要输入一长串全部由数字组成的文本数据时，例如手机号、身份证号等。如果直接输入，系统会自动将其按数字类型的数据进行存储。例如，输入任意身份证号码，按下Enter键后，可以看到，此时系统将其作为数字处理，并以科学记数法显示，如图4-5所示。

图4-5　按数字类型的数据处理

针对该问题，在输入数字时，在数字前面添加一个英文状态下的单引号"'"即可解决，如图4-6所示。

图4-6　在数字前面添加一个单引号

添加单引号后，虽然能够以数字形式显示完整的文本，但单元格左上角会显示一个绿色的倒三角标记，提示存在错误。单击选中该单元格，其前面会显示一个错误图标，单击图标右侧的下拉按钮，在弹出的下拉列表中选择"错误检查选项"，如图4-7所示。此时弹出"Excel选项"对话框，在"错误检查规则"中取消勾选"文本格式的数字或者前面有撇号的数字"复选框，单击"确定"按钮，如图4-8所示。经过以上设置以后，系统将不再对此类错误进行检查，即不会显示绿色的倒三角标记。

图4-7　选择"错误检查选项"

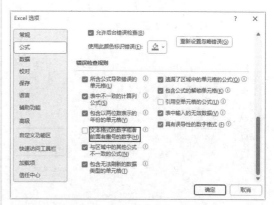

图4-8　"Excel 选项"对话框

提示：若只是想隐藏当前单元格的错误标记，在图4-7中选择"忽略错误"选项即可。

4.1.2　输入数值

在Excel中输入数值是最常见不过的操作了，数值型数据可以是整数、小数或分数等，它是Excel中使用得最多的数据类型。输入数值型数据与输入文本的方法相同，这里不再赘述。

与输入文本不同的是，在单元格中输入数值型数据时，在默认情况下，Excel会将其对齐方式设置为"右对齐"，如图4-9所示。

另外，若要在单元格中输入分数，如果直接输入，系统会自动将其显示为日期。因此，在输入分数时，为了与日期型数据区分，需要在其前面加一个零和一个空格。例如，若输入"1/3"，则显示为日期形式"1月3日"，若输入"0 1/3"，才会显示为分数"1/3"，如图4-10所示。

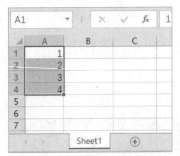

图 4-9　输入数值并右对齐显示

图 4-10　输入分数

4.1.3　输入日期和时间

日期和时间也是Excel工作表中常见的数据类型之一。在单元格中输入日期和时间型数据时，在默认情况下，Excel会将其对齐方式设置为"右对齐"。若要在单元格中输入日期和时间，需要遵循特定的规则。

1. 输入日期

在单元格中输入日期型数据时，请使用斜线"/"或者连字符"-"分隔日期的年、月、日。例如，可以输入"2023/11/11"或者"2023-11-11"来表示日期，但按下Enter键后，单元格中显示的日期格式均为"2023/11/11"，如果要获取系统当前的日期，按下Ctrl+;组合键即可，如图4-11所示。

提示：默认情况下，输入的日期以类似"2023/11/11"的格式来显示，用户还可设置单元格的格式来改变其显示的形式，具体操作步骤将在后面详细介绍。

图 4-11　输入日期

2. 输入时间

在单元格中输入时间型数据时，应使用冒号":"分隔时间的时、分、秒。若要按12小时制表示时间，在时间后面添加一个空格，然后需要输入AM（上午）或PM（下午）。如果要获取系统当前的时间，按下Ctrl+Shift+;组合键即可，如图4-12所示。

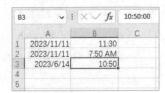

图 4-12　输入时间

提示：如果Excel不能识别输入的日期或时间，则视其为文本进行处理，并在单元格中靠左对齐，如图4-13所示。

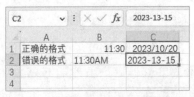

图 4-13　输入不能识别的日期或时间

4.1.4　输入特殊符号

在Excel工作表中的单元格内可以输入特殊符号，具体的操作步骤如下。

Step 01 选中需要插入特殊符号的单元格，如这里选择单元格A1，然后单击"插入"选项卡下"符号"选项组中的"符号"按钮，打开"符号"对话框，选择"符号"选项卡，在"子集"下拉菜单中选择"数学运算符"选项，从弹出的列表框中选择

"√"，如图4-14所示。

图 4-14　选择特殊符号"√"

Step 02 单击"插入"按钮，再单击"关闭"按钮，即可完成特殊符号的插入操作，如图4-15所示。

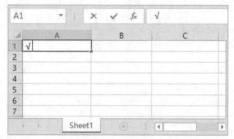

图 4-15　插入特殊符号"√"

4.2　快速填充单元格数据

为了提高向工作表中输入数据的效率，降低输入错误率，Excel提供了快速输入数据的功能。常用的快速填充表格数据的方法包括使用填充柄填充、使用填充命令填充等。

4.2.1　使用填充柄

填充柄是位于单元格右下角的方块，使用它可以有规律地快速填充单元格，具体的操作步骤如下。

Step 01 启动Excel 2021，新建一个空白文档，输入相关数据内容。然后将光标定位在单元格B2右下角的方块上，如图4-16

所示。

图 4-16　定位光标位置

Step 02 当光标变为╋形状时，向下拖动鼠标到B5，即可快速填充选定的单元格。可以看到，填充后的单元格与B2的内容相同，如图4-17所示。

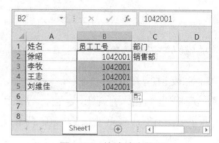

图 4-17　快速填充数据

填充后，右下角有一个"自动填充选项"图标，单击图标右侧的下拉按钮，在弹出的下拉列表中可设置填充的内容，如图4-18所示。

图 4-18　设置填充内容

默认情况下，系统以"复制单元格"的形式进行填充。若选择"填充序列"选项，B3:B5中的值将以1为步长进行递增，如图4-19所示。若选择"仅填充格式"选项，B3:B5的格式将与B2的格式一致，但并不填充内容。若选择"不带格式填充"选项，B3:B5的值将与B1一致，但并不应用B2的格式。

图 4-19　以序列方式填充数据

💧提示：对于数值序列，在使用填充柄的同时按住Ctrl键不放，单元格会默认以递增的形式填充，类似于选择"填充序列"选项。

4.2.2　数值序列填充

对于数值型数据，不仅能以复制、递增的形式快速填充，还能以等差、等比的形式快速填充。使用填充柄可以以复制和递增的形式快速填充。

1.以等差形式填充

如果想以等差的形式快速填充，具体的操作步骤如下。

Step 01　启动Excel 2021，新建一个空白文档，在A1和A2中分别输入1和3，然后选择区域A1:A2，将光标定位于A2右下角的方块上，如图4-20所示。

图 4-20　放置光标位置

Step 02　当光标变为╋形状时，向下拖动鼠标到A6，然后释放鼠标，可以看到，单元格按照步长值为2的等差数列的形式进行填充，如图4-21所示。

2.以等比形式填充

如果想要以等比序列方法填充数据，则可以按照如下操作步骤进行。

图 4-21　以序列方式填充数据

Step 01　在单元格中输入有等比序列的前两个数据，如这里分别在单元格A1和A2中输入2和4，然后选中这两个单元格，将鼠标指针移动到单元格A2的右下角，此时指针变成╋形状，按住鼠标右键向下拖动至该序列的最后一个单元格，释放鼠标，从弹出的下拉菜单中选择"等比序列"选项，如图4-22所示。

Step 02　释放鼠标，即可将该序列的后续数据依次填充到相应的单元格中，如图4-23所示。

图 4-22　选择"等比序列"选项

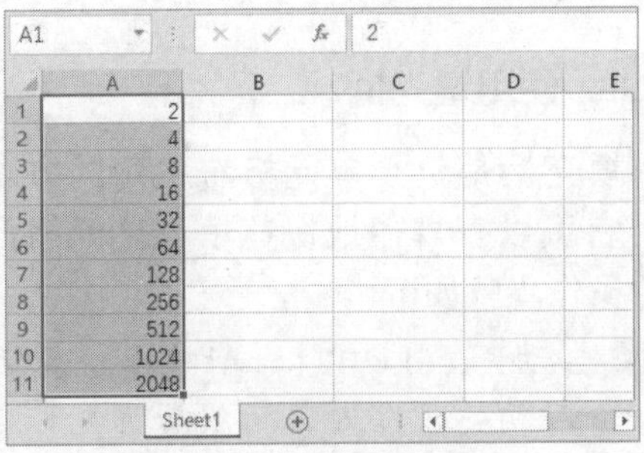

图 4-23　快速填充等比序列

4.2.3　文本序列填充

使用填充命令可以进行文本序列的填充，除此之外，用户还可使用填充柄来填充文本序列，具体的操作步骤如下。

Step 01 启动Excel 2021，新建一个空白文档，在A1中输入文本"床前明月光"，然后将光标定位于A1右下角的方块上，如图4-24所示。

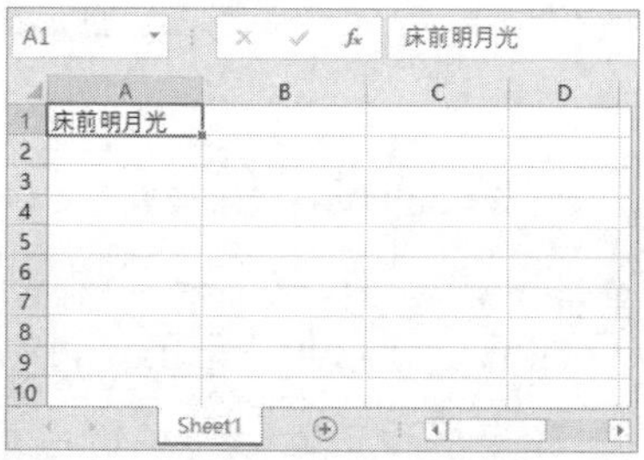

图 4-24　放置光标位置

Step 02 当光标变为十形状时，向下拖动鼠标到A5，然后释放鼠标，可以看到，单元格将按照相同的文本进行填充，如图4-25所示。

图 4-25　以文本序列填充数据

4.2.4　日期/时间序列填充

对日期/时间序列填充时，同样有两种方法：使用填充柄和使用填充命令。不同的是，对于文本序列和数值序列填充，系统默认以复制的形式填充，而对于日期/时间序列，默认以递增的形式填充，具体的操作步骤如下。

Step 01 启动Excel 2021，新建一个空白文档，在A1中输入日期"2023/10/1"，然后将光标定位于A1右下角的方块上，如图4-26所示。

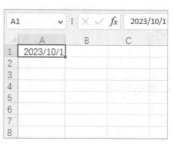

图 4-26　输入日期

Step 02 当光标变为十形状时，向下拖动鼠标到A7，然后释放鼠标，可以看到，单元格默认以天递增的形式进行填充，如图4-27所示。

图 4-27　以天递增方式填充数据

提示：按住Ctrl键不放，再拖动鼠标，这时单元格将以复制的形式进行填充，如图4-28所示。

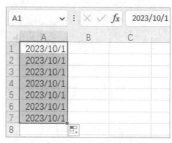

图 4-28　以复制方式填充数据

Step 03 填充后，单击图标右侧的下拉按钮，会弹出填充的各个选项，可以看到，默认情况下，系统以"填充序列"的形式进行填充，如图4-29所示。

Step 04 若选择"填充工作日"选项，每周工作日为5天，因此将以原日期作为周一，按工作日递增进行填充，不包括周六周日，如图4-30所示。

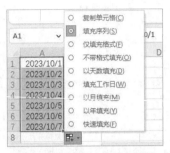

图 4-29　以序列方式填充数据

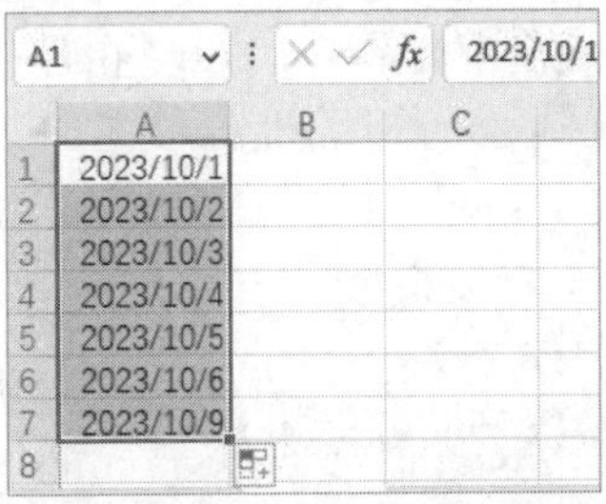

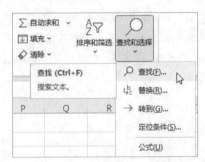

图 4-30　以工作日方式填充数据

Step 05 若选择"以月填充"选项，将按照月份递增进行填充，如图4-31所示。

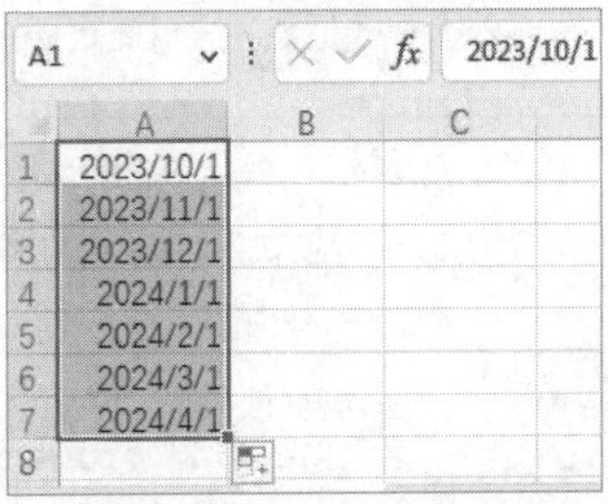

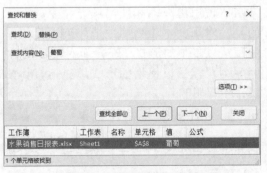

图 4-31　以月递增方式填充数据

4.3　查找和替换数据

在工作表中输入数据，需要修改时，可以通过编辑栏修改或者在单元格中直接修改。另外，Excel 2021提供的查找和替换功能，可以帮助用户快速定位到要查找的信息，还可以批量地修改信息。

4.3.1　查找数据

下面以"水果销售日报表"表为例，查找水果为"葡萄"的记录，具体的操作步骤如下。

Step 01 新建Excel文档，在其中输入数据，这里输入一份水果销售日报表，如图4-32所示。

水果名称	单价 (/kg)	销售量 (kg)	货物总价	日期
苹果	¥6.0	524	¥3,144.0	2023/11/2
香蕉	¥8.5	311	¥2,643.5	2023/11/2
芒果	¥11.4	134	¥1,527.6	2023/11/2
杏子	¥5.6	411	¥2,301.6	2023/11/2
西瓜	¥3.8	520	¥1,976.0	2023/11/2
葡萄	¥5.8	182	¥1,055.6	2023/11/2
梨子	¥3.5	300	¥1,050.0	2023/11/2
橘子	¥2.5	153	¥382.5	2023/11/2

图 4-32　水果销售日报表

Step 02 单击"开始"选项卡下"编辑"选项组中的"查找和选择"下拉按钮，在弹出的下拉列表中选择"查找"选项，或者按下Ctrl+F组合键，如图4-33所示。

图 4-33　选择"查找"选项

Step 03 弹出"查找和替换"对话框，在"查找内容"文本框中输入"葡萄"，单击"查找全部"按钮，在下方将列出符合条件的全部记录，单击每一个记录，即可快速定位到该记录所在的单元格，如图4-34所示。

图 4-34　"查找和替换"对话框

Step 04 单击"选项"按钮，还可以设置查找的范围、格式、是否区分大小写、是否单元格匹配等，如图4-35所示。

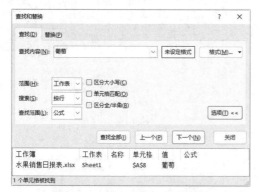

图4-35 展开"选项"设置参数

4.3.2 替换数据

下面使用替换功能，将水果为"葡萄"的记录全部替换为"哈密瓜"，具体的操作步骤如下。

Step 01 打开素材文件，单击"开始"选项卡下"编辑"选项组中的"查找和选择"按钮，在弹出的下拉列表中选择"替换"选项。

Step 02 弹出"查找和替换"对话框，在"查找内容"文本框中输入要查找的内容，在"替换为"文本框中输入替换后的内容，如图4-36所示。

图4-36 "查找和替换"对话框

Step 03 设置完成后，单击"查找全部"按钮，在下方将列出符合条件的全部记录，如图4-37所示。

Step 04 单击"全部替换"按钮，弹出"Microsoft Excel"对话框，提示已完成替换操作，如图4-38所示。

图4-37 符合条件的记录

图4-38 完成替换操作

Step 05 单击"确定"按钮，然后单击"关闭"按钮，关闭"查找和替换"对话框，返回Excel表中，可以看到，所有为"葡萄"的记录替换为"哈密瓜"，如图4-39所示。

图4-39 替换数据

🔊**提示：** 在进行查找和替换时，如果不能确定完整的搜索信息，可以使用通配符？和*来代替不能确定的部分信息。其中，？表示一个字符，*表示一个或多个字符。

4.4 设置文本格式

单元格是工作表的基本组成单位，也是用户可以进行操作的最小单位。在Excel 2021中，用户可以根据需要设置单元格中文本的大小、颜色、方向等。

4.4.1 设置字体和字号

默认的情况下，Excel 2021表格中的字体格式是黑色、宋体和11号，如果对此字体格式不满意，可以更改。下面以“工资表”表为例介绍设置单元格文字字体和字号的方法与技巧，具体的操作步骤如下。

Step 01 新建Excel文档，在其中输入数据，这里输入一份工资表，如图4-40所示。

	A	B	C	D	E	F
1	某公司10月份工资表					
2	姓名	职位	基本工资	效益工资	加班工资	合计
3	张建军	经理	2000	1500	1000	4500
4	刘光洁	会计	1800	1000	800	3600
5	王美之	科长	1500	1200	900	3600
6	李克伟	秘书	1500	1000	800	3300
7	田甜	职工	1000	800	1200	3000
8	方芳	职工	1000	800	1500	3300
9	李丽华	职工	1000	800	1300	3100
10	赵学武	职工	1000	800	1400	3200
11	张帅勇	职工	1000	800	1000	2800
12						

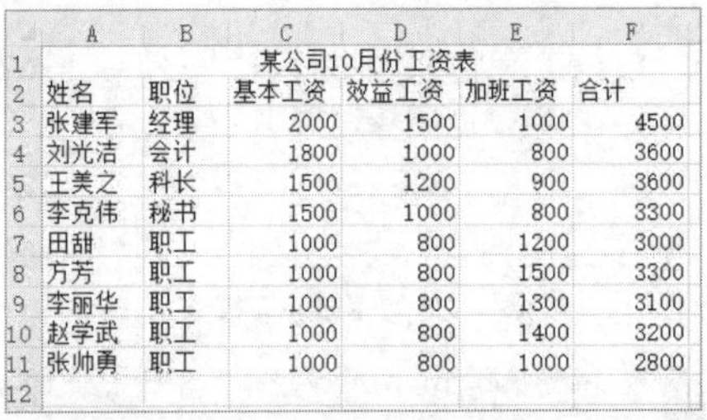

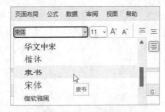

图4-40 工资表

Step 02 选定要设置字体的单元格，这里选定A1单元格，单击“开始”选项卡下“字体”选项组中“字体”右侧的下拉按钮，在弹出的下拉列表中选择相应的字体样式，如这里选择“隶书”字体样式，如图4-41所示。

图4-41 选择字体样式

提示：将光标定位在某个选项中，在工作表中用户可以预览设置字体后的效果。

Step 03 选定要设置字号的单元格，这里选定A1单元格。单击“开始”选项卡下“字体”选项组中“字号”右侧的下拉按钮，在弹出的下拉列表中选择要设置的字号，如图4-42所示。

Step 04 使用同样的方法，设置其他单元格的字体和字号，最后的显示效果如图4-43所示。

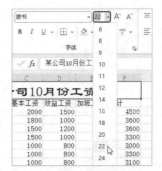

图4-42 选择字号

	A	B	C	D	E	F
1	某公司10月份工资表					
2	姓名	职位	基本工资	效益工资	加班工资	合计
3	张建军	经理	2000	1500	1000	4500
4	刘光洁	会计	1800	1000	800	3600
5	王美之	科长	1500	1200	900	3600
6	李克伟	秘书	1500	1000	800	3300
7	田甜	职工	1000	800	1200	3000
8	方芳	职工	1000	800	1500	3300
9	李丽华	职工	1000	800	1300	3100
10	赵学武	职工	1000	800	1400	3200
11	张帅勇	职工	1000	800	1000	2800
12						

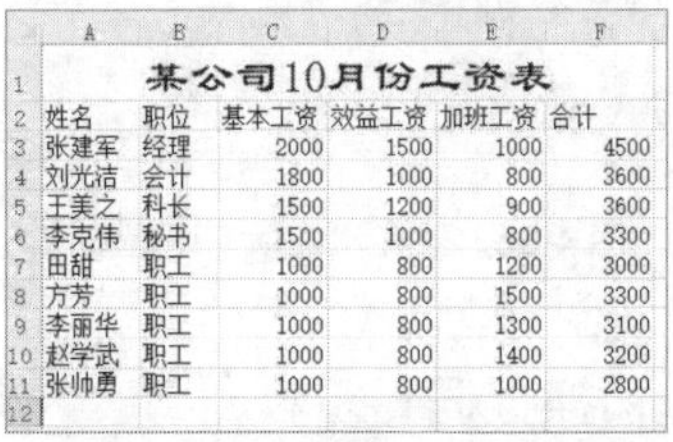

图4-43 显示效果

除此之外，选择区域后，右击，将弹出浮动工具条和快捷菜单，通过浮动工具条的“字体”和“字号”按钮也可设置字体和字号，如图4-44所示。

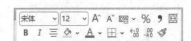

图4-44 浮动工具条

另外，在弹出的快捷菜单中选择“设置单元格格式”选项，弹出“设置单元格格式”对话框，选择“字体”选项卡，通过“字体”和“字号”下拉列表也可设置字体和字号，如图4-45所示。

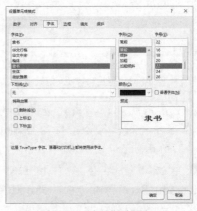

图4-45 “字体”选项卡

4.4.2 设置字体颜色

默认的情况下，Excel 2021表格中的字体颜色是黑色的，如果对此字体的颜色不满意，可以更改，具体的操作步骤如下。

Step 01 选择需要设置字体颜色的单元格或单元格区域，如图4-46所示。

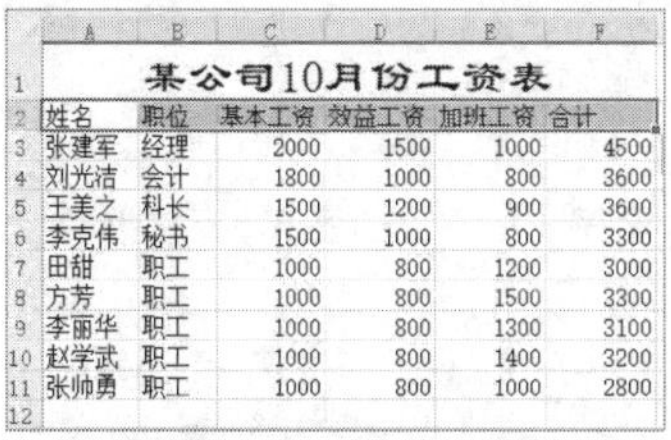

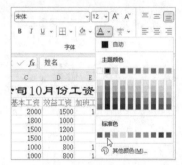

图 4-46 选择单元格区域

Step 02 单击"开始"选项卡下"字体"选项组中"字体颜色" A 按钮右侧的下拉按钮 ，在弹出的调色板中单击需要的字体颜色即可，如图4-47所示。

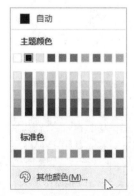

图 4-47 选择字体颜色

Step 03 如果调色板中没有所需的颜色，可以自定义颜色，在弹出的调色板中选择"其他颜色"选项，如图4-48所示。

图 4-48 选择"其他颜色"选项

Step 04 弹出"颜色"对话框，在"标准"选项卡中选择需要的颜色，如图4-49所示。

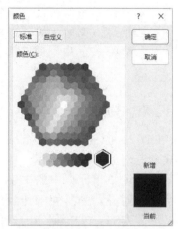

图 4-49 "标准"选项卡

Step 05 如果"标准"选项卡中没有自己需要的颜色，还可以选择"自定义"选项卡，在其中调整适合的颜色，如图4-50所示。

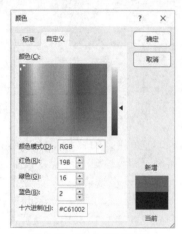

图 4-50 "自定义"选项卡

Step 06 单击"确定"按钮，即可应用重新定义的字体颜色，如图4-51所示。

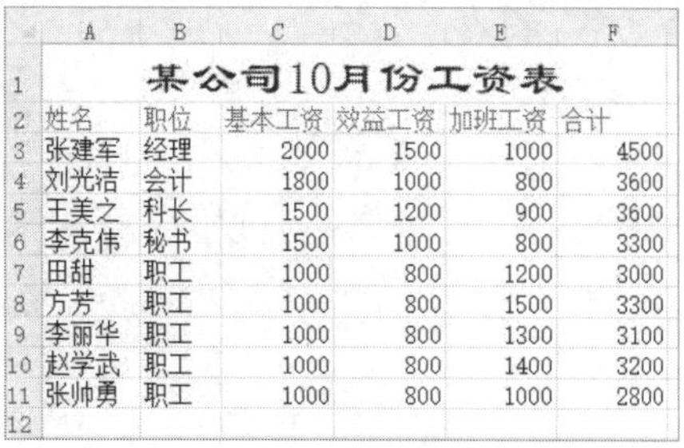

图 4-51 显示效果

提示：此外，也可以在要改变字体的文字上右击，在弹出的浮动工具条的"字体颜色"列表中设置字体颜色。还可以单击"字体"选项组右侧的 ▢ 按钮，在弹出的"设置单元格格式"对话框中设置字体颜色。

4.4.3 设置对齐方式

Excel 2021允许为单元格数据设置的对齐方式有左对齐、右对齐和合并居中对齐等。默认情况下单元格中的文字是左对齐，数字是右对齐。为了使工作表整齐，用户可以设置对齐方式，具体的操作步骤如下。

Step 01 选择需要设置数据对齐方式的单元格区域，如图4-52所示。

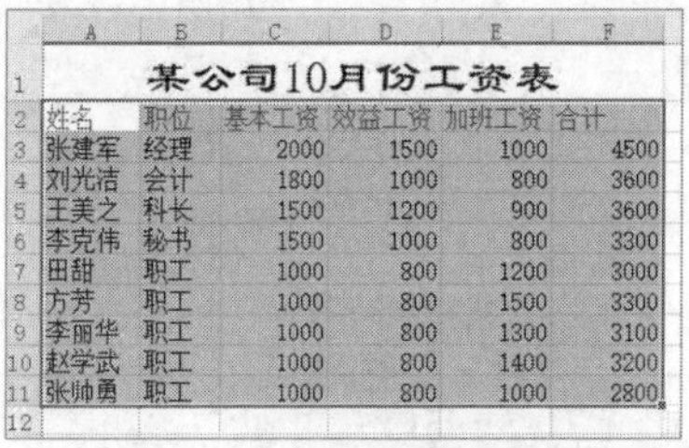

图 4-52　选择单元格区域

Step 02 右击，在弹出的快捷菜单中选择"设置单元格格式"选项，打开"设置单元格格式"对话框，在其中选择"对齐"选项卡，设置"水平对齐"为"居中"，"垂直对齐"为"居中"，如图4-53所示。

图 4-53　"对齐"选项卡

Step 03 单击"确定"按钮，即可查看设置后的效果，即每个单元格的数据都居中显示，如图4-54所示。

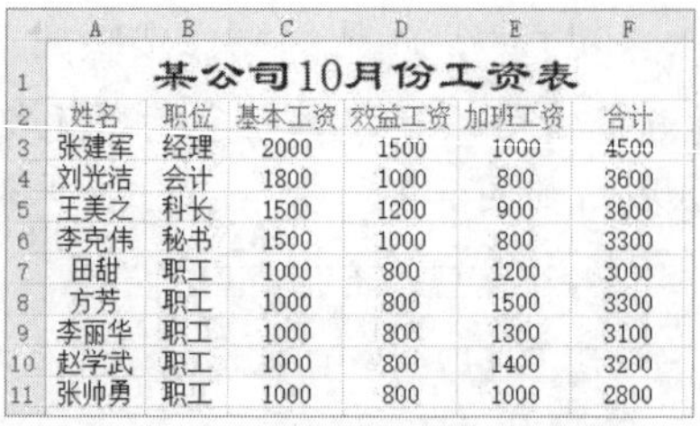

图 4-54　居中显示单元格数据

提示：在"开始"选项卡的"对齐方式"选项组中，包含了设置对齐方式的相关按钮，用户可以单击相应的按钮来设置单元格的对齐方式，如图4-55所示。

图 4-55　"对齐方式"选项组

4.5　设置工作表的样式

在编辑Excel工作表时，工作表默认显示的表格线是灰色的，并且打印不出来。如果需要打印出表格线，就需要对表格边框进行设置。

4.5.1　设置表格边框线

设置表格边框线的具体操作步骤如下。

Step 01 新建Excel文档，在其中输入数据，这里输入一份水果销售日报表，选择区域A2:E10，如图4-56所示。

Step 02 在"开始"选项卡的"字体"选项组中，单击"边框" ▦ 右侧的下拉按钮，在弹出的下拉列表中可以设置相应的边框，这里选择"所有框线"选项⊞，如图4-57所示。

Step 03 可以看到，选定区域内的每个单元格都会设置框线，如图4-58所示。

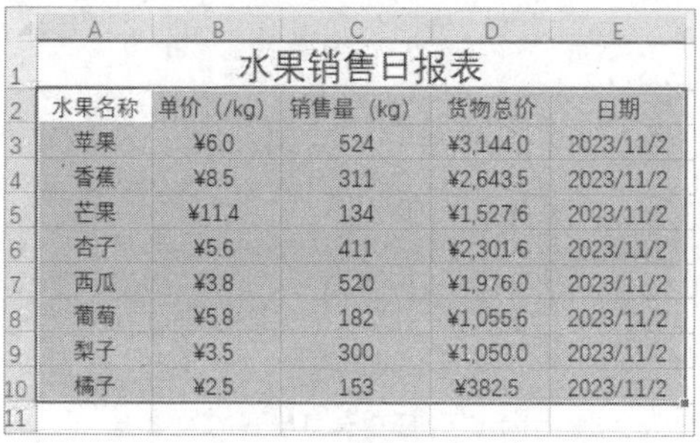

图 4-56　水果销售日报表

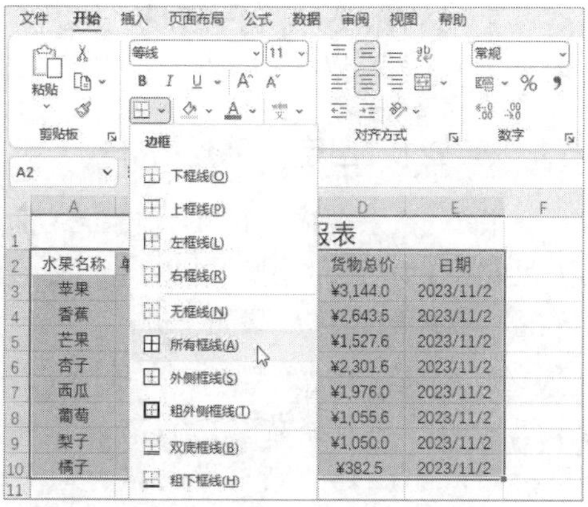

图 4-57　选择"所有框线"选项

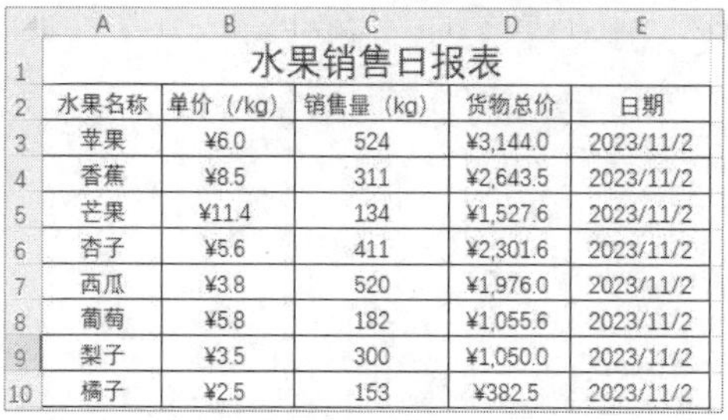

图 4-58　添加框线

Step 04 选择区域A2:E10，重复step 02，在弹出的下拉列表中选择"粗外侧框线" ⊞ 选项，设置后的效果如图4-59所示。

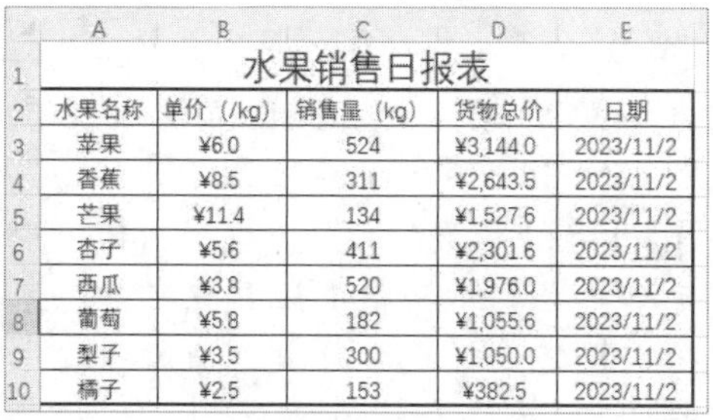

图 4-59　添加"粗外侧框线"

4.5.2　套用内置表格样式

　　Excel预置了60种常用的表格样式，用户可以自动地套用这些预先定义好的表格样式，以提高工作的效率。下面以应用浅色表格样式为例，介绍套用内置表格样式的操作步骤。

Step 01 新建Excel文档，在其中输入数据，这里输入一份工资表，如图4-60所示。

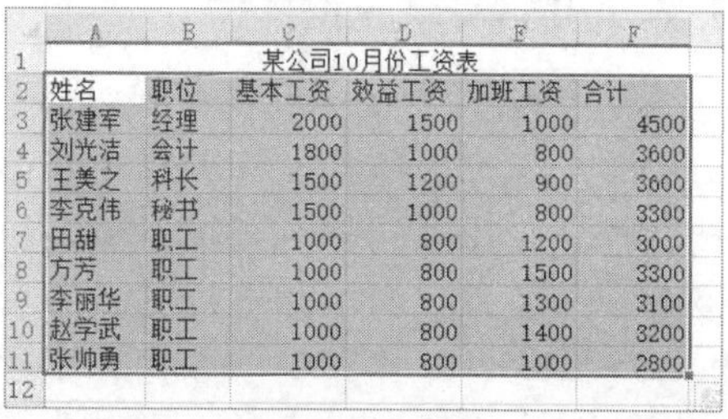

图 4-60　工资表

Step 02 在"开始"选项卡中，选择"样式"选项组中的"套用表格格式"按钮 套用表格格式 ，在弹出的下拉列表中选择"浅色"面板中的一种，如图4-61所示。

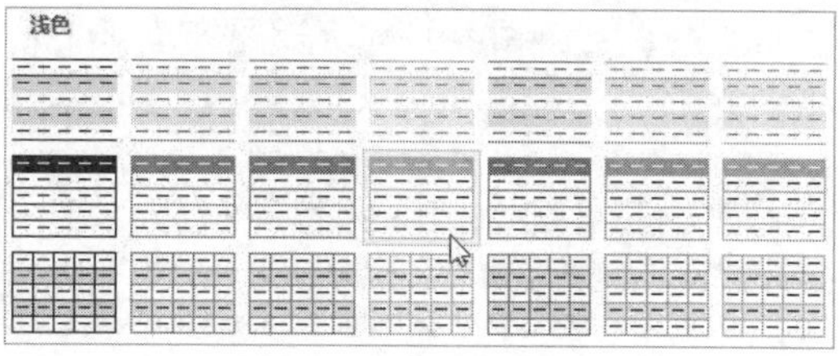

图 4-61　浅色表格样式

Step 03 单击样式，则会弹出"创建表"对话框，单击"确定"按钮即可套用一种浅色样式，如图4-62所示。

图 4-62　"创建表"对话框

Step 04 在此样式中单击任一单元格，功能区则会出现"设计"选项卡，然后单击"表格样式"组中的任一样式，即可更改样式，显示效果如图4-63所示。

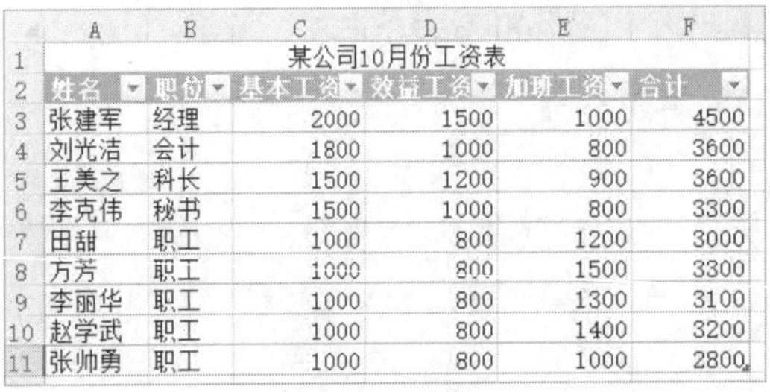

	A	B	C	D	E	F
1	某公司10月份工资表					
2	姓名	职位	基本工资	效益工资	加班工资	合计
3	张建军	经理	2000	1500	1000	4500
4	刘光洁	会计	1800	1000	800	3600
5	王美之	科长	1500	1200	900	3600
6	李克伟	秘书	1500	1000	800	3300
7	田甜	职工	1000	800	1200	3000
8	方芳	职工	1000	800	1500	3300
9	李丽华	职工	1000	800	1300	3100
10	赵学武	职工	1000	800	1400	3200
11	张帅勇	职工	1000	800	1000	2800

图 4-63　显示效果

4.5.3　套用内置单元格样式

Excel 2021内置的单元格样式包括单元格文本样式、背景样式、标题样式和数字样式，通过选择不同的单元格对象，可以为该对象添加相应的单元格样式。下面以添加单元格背景样式为例，介绍套用内置单元格样式的方法。

Step 01 新建Excel文档，在其中输入数据，这里输入一份工资表，选择“合计”列下面的数据，在“开始”选项卡中，选择“样式”选项组中的“单元格样式”按钮 单元格样式，在弹出的下拉列表中选择“好”样式，如图4-64所示，即可改变单元格的背景。

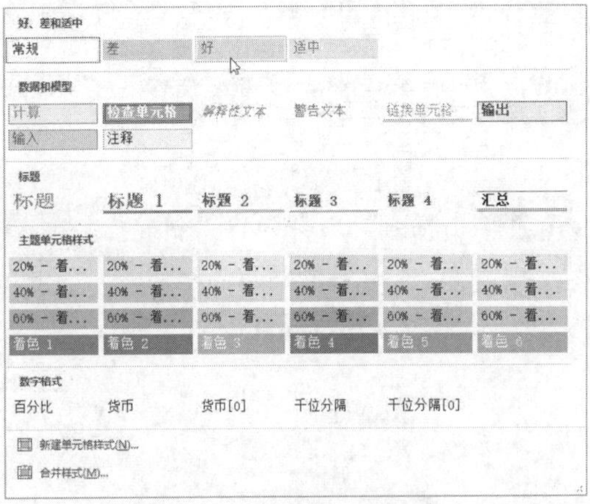

图 4-64　选择单元格背景样式

Step 02 选择“效益工资”列下面的单元格，设置为“适中”样式，即可改变单元格的背景。按照相同的方法改变其他单元格的背景，最终的效果如图4-65所示。

	A	B	C	D	E	F
1	某公司10月份工资表					
2	姓名	职位	基本工资	效益工资	加班工资	合计
3	张建军	经理	2000	1500	1000	4500
4	刘光洁	会计	1800	1000	800	3600
5	王美之	科长	1500	1200	900	3600
6	李克伟	秘书	1500	1000	800	3300
7	田甜	职工	1000	800	1200	3000
8	方芳	职工	1000	800	1500	3300
9	李丽华	职工	1000	800	1300	3100
10	赵学武	职工	1000	800	1400	3200
11	张帅勇	职工	1000	800	1000	2800

图 4-65　应用背景样式的效果

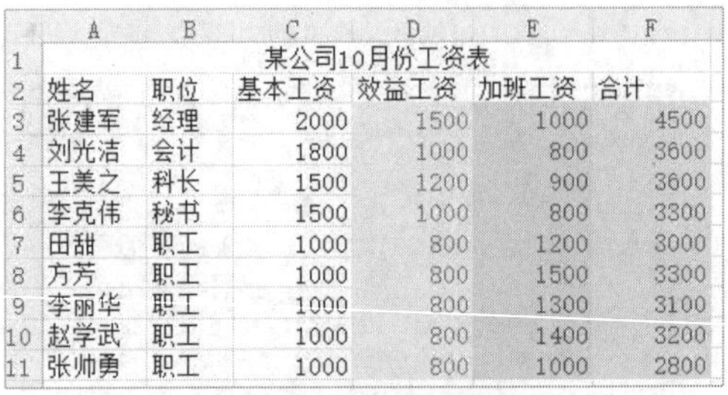

4.6　高效办公技能实战

4.6.1　实战1：自定义单元格样式

如果Excel系统内置的单元格样式都不能满足自己的需要，用户可以自定义单元格样式，具体的操作步骤如下。

Step 01 在“开始”选项卡中，单击“样式”选项组中的“单元格样式”按钮，在弹出的下拉列表中选择“新建单元格样式”选项，如图4-66所示。

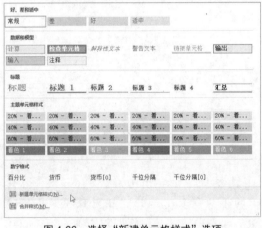

图 4-66　选择“新建单元格样式”选项

Step 02 弹出“样式”对话框，在“样式名”文本框中输入样式名，这里输入“自定义”，如图4-67所示。

Step 03 单击“格式”按钮，在弹出的“设置单元格格式”对话框中设置数字、字体、边框和填充等样式，单击“确定”按钮，如图4-68所示。

图 4-67　"样式"对话框

图 4-68　"填充"选项卡

Step 04 新建的样式即可出现在"单元格样式"下拉列表中，如图4-69所示。

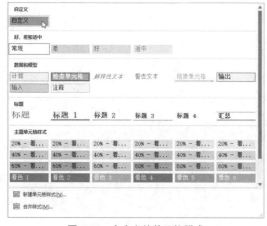

图 4-69　自定义的单元格样式

4.6.2　实战2：工作表的错误检查

如果工作表中数据较多且不易观察时，使用错误检查可直接检查出包含错误的单元格，结合错误追踪命令可以方便地修改错误，具体操作步骤如下。

Step 01 新建Excel文档，在其中输入数据，这里输入一份员工加班统计表，单击"公式"选项卡下"公式审核"选项组中的"错误检查"按钮，如图4-70所示。

图 4-70　"公式审核"选项组

Step 02 弹出"错误检查"对话框，即可选中第一个存在错误的单元格H6并在对话框中显示错误信息，如图4-71所示。

图 4-71　"错误检查"对话框 1

Step 03 单击"公式"选项卡下"公式审核"选项组中的"错误检查"按钮右侧的下拉按钮，在弹出的下拉列表中选择"追踪错误"选项，如图4-72所示。

图 4-72　选择"追踪错误"选项

Step 04 系统自动用箭头标识出影响H6单元格值的单元格，如图4-73所示。

Step 05 结合"错误检查"对话框中的提示错误信息以及错误追踪结果，判断错误存在的原因，这里可以看到G6单元格中的结束时间小于F6单元格中的开始时间，根据实际情况进行修改。选择G6单元格，在编辑栏中修改时间为“21:09:00”，按Enter键，完成修改，如图4-74所示。

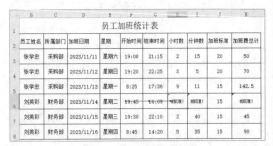

员工加班统计表									
员工姓名	所属部门	加班日期	星期	开始时间	结束时间	小时数	分钟数	加班标准	加班费总计
张学忠	采购部	2023/11/11	星期六	19:00	21:15	2	15	20	50
张学忠	采购部	2023/11/12	星期日	19:20	22:25	3	5	20	70
张学忠	采购部	2023/11/13	星期一	8:25	17:36	9	11	15	142.5
刘英彩	财务部	2023/11/14	星期二	19:45	16:09	#NUM!	#NUM!	15	#NUM!
刘英彩	财务部	2023/11/15	星期三	19:30	22:10	2	40	15	45
刘英彩	财务部	2023/11/16	星期四	8:45	14:20	5	35	15	90

图 4-73　标识出追踪单元格

员工加班统计表									
员工姓名	所属部门	加班日期	星期	开始时间	结束时间	小时数	分钟数	加班标准	加班费总计
张学忠	采购部	2023/11/11	星期六	19:00	21:15	2	15	20	50
张学忠	采购部	2023/11/12	星期日	19:20	22:25	3	5	20	70
张学忠	采购部	2023/11/13	星期一	8:25	17:36	9	11	15	142.5
刘英彩	财务部	2023/11/14	星期二	19:45	21:09	1	24	15	22.5
刘英彩	财务部	2023/11/15	星期三	19:30	22:10	2	40	15	45
刘英彩	财务部	2023/11/16	星期四	8:45	14:20	5	35	15	90

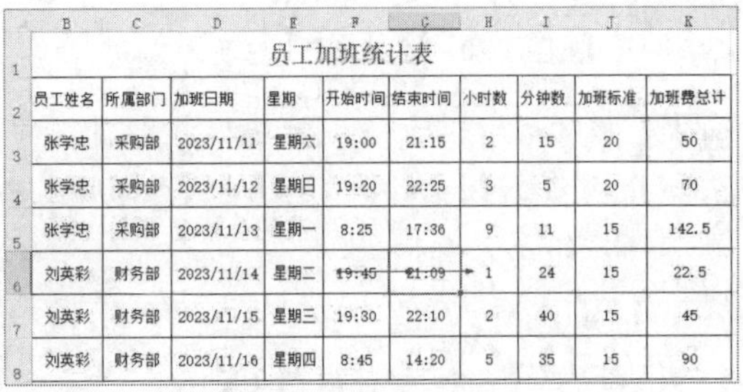

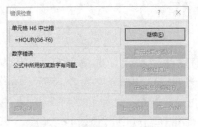

图 4-74　修改错误数值

Step 06 在“错误检查”对话框中单击“继续”按钮，如图4-75所示。

图 4-75　“错误检查”对话框 2

提示：在执行错误检查过程中执行其他操作，“错误检查”对话框将处于不可用状态，“关于此错误的帮助”按钮将显示“继续”按钮，只有单击该按钮，才可以继续执行错误检查操作。

Step 07 如果无错误，将弹出信息提示框，提示“已完成对整个工作表的错误检查。”，如图4-76所示，单击“确定”按钮。

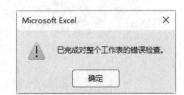

图 4-76　信息提示框

Step 08 单击“公式”选项卡下“公式审核”选项组中的“删除箭头”按钮删除箭头，如图4-77所示。

员工加班统计表									
员工姓名	所属部门	加班日期	星期	开始时间	结束时间	小时数	分钟数	加班标准	加班费总计
张学忠	采购部	2023/11/11	星期六	19:00	21:15	2	15	20	50
张学忠	采购部	2023/11/12	星期日	19:20	22:25	3	5	20	70
张学忠	采购部	2023/11/13	星期一	8:25	17:36	9	11	15	142.5
刘英彩	财务部	2023/11/14	星期二	19:45	21:09	1	24	15	22.5
刘英彩	财务部	2023/11/15	星期三	19:30	22:10	2	40	15	45
刘英彩	财务部	2023/11/16	星期四	8:45	14:20	5	35	15	90

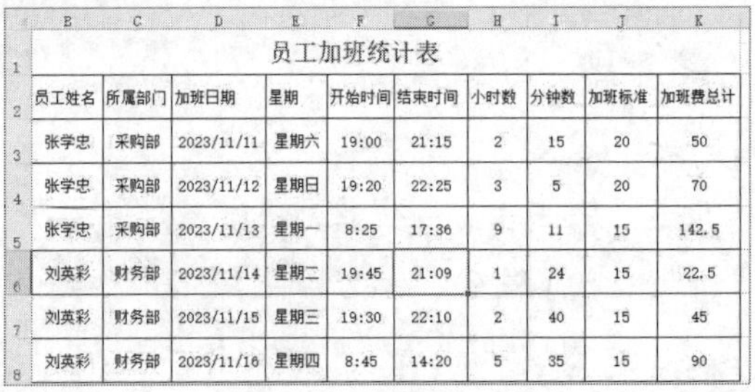

图 4-77　错误检查完毕

第5章　使用图表图形美化报表

图表和图形在一定程度上可以使表格中的数据更加直观且吸引人，具有较好的视觉效果。通过插入图表，用户可以更加容易地分析数据的走向和差异，以便于预测趋势；通过添加图片、形状、艺术字等元素，可以达到丰富报表内容的目的。本章介绍Excel图表与图形的使用。

5.1　使用图表

Excel 2021提供了多种内部的图表类型，每一种图表类型还有好几种子类型，另外用户还可以自定义图表，所以图表类型是十分丰富的。

5.1.1　创建图表

在Excel 2021之中，用户可以使用三种方法创建图表，分别是使用快捷键创建、使用功能区创建和使用图表向导创建，下面进行详细介绍。

1. 使用快捷键创建图表

通过F11键或Alt+F1组合键都可以快速地创建图表。不同的是，前者可创建工作表图表，后者可创建嵌入式图表。其中，嵌入式图表就是与工作表数据在一起或者与其他嵌入式图表在一起的图表，而工作表图表是特定的工作表，只包含单独的图表。

使用快捷键创建图表的具体操作步骤如下。

Step 01 新建Excel文档，在其中输入数据，这里制作一份各部门第一季度费用表，选择单元格区域A1:D6，如图5-1所示。

Step 02 按F11键，即可插入一个名为Chart1的工作表图表，并根据所选区域的数据创建该图表，如图5-2所示。

Step 03 单击Sheet1标签，返回工作表中，选择同样的区域，按下Alt+F1组合键，即可在当前工作表中创建一个嵌入式图表，如图5-3所示。

图5-1　选择单元格区域

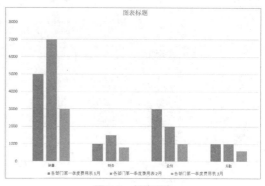

图5-2　创建图表

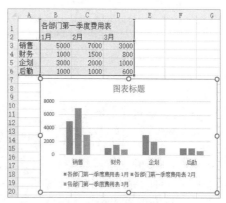

图5-3　创建嵌入式图表

2. 使用功能区创建图表

使用功能区创建图表是最常用的方法，具体的操作步骤如下。

Step 01 选择各部门第一季度费用表中的单元格区域A1:D6，然后单击"插入"选项卡下"图表"选项组中的"柱形图"按钮，在弹出的下拉列表中选择"簇状柱形图"选项，如图5-4所示。

图5-4　选择图表类型

Step 02 此时即可创建一个簇状柱形图，如图5-5所示。

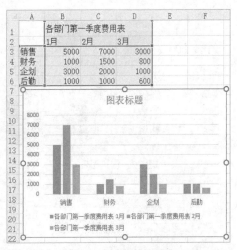

图5-5　创建簇状柱形图

3. 使用图表向导创建图表

使用图表向导也可以创建图表，具体的操作步骤如下。

Step 01 选择各部门第一季度费用表中的单元格区域A1:D6，在"插入"选项卡中，单击

"图表"选项组中的按钮，弹出"插入图表"对话框，如图5-6所示。

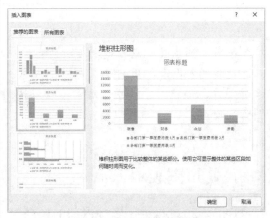

图5-6　"插入图表"对话框

Step 02 在该对话框中选择任意一种图表类型，单击"确定"按钮，即可在当前工作表中创建一个图表，如图5-7所示。

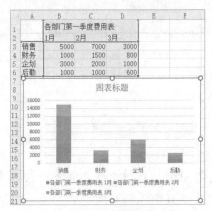

图5-7　创建图表

5.1.2　更改图表类型

在建立图表时已经选择了图表类型，但如果用户觉得创建后的图表不能直观地表达工作表中的数据，还可以更改图表类型，具体的操作步骤如下。

Step 01 打开需要更改图表的文件，选择需要更改类型的图表，然后选择"图表设计"选项卡，在"类型"选项组中单击"更改图表类型"按钮，如图5-8所示。

Step 02 打开"更改图表类型"对话框，在"所有图表"列表框中选择"柱形图"选

项，然后在图表类型列表框中选择"三维簇状柱形图"选项，如图5-9所示。

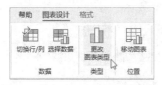

图5-8　单击"更改图表类型"按钮

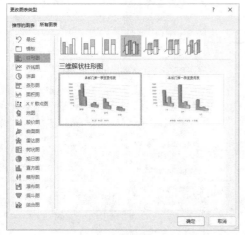

图5-9　"更改图表类型"对话框

Step 03 单击"确定"按钮，即可更改图表的类型，如图5-10所示。

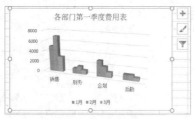

图5-10　更改图表的类型

Step 04 选择图标，然后将鼠标放到图表的边或角上，会出现方向箭头，拖曳鼠标即可改变图表大小，如图5-11所示。

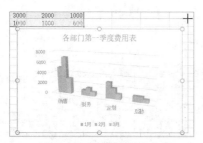

图5-11　更改图表的大小

5.1.3　使用图表样式

在Excel 2021中创建图表后，系统会根据创建的图表，提供多种图表样式，对图表可以起到美化的作用。使用图表样式的操作步骤如下。

Step 01 打开需要美化的Excel文件，选中需要美化的图表，如图5-12所示。

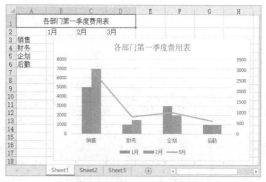

图5-12　选中要美化的图表

Step 02 选择"图表设计"选项卡，在"图表样式"选项组中单击"更改颜色"按钮，在弹出的颜色面板中选择需要更改的颜色块，如图5-13所示。

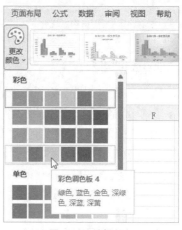

图5-13　选择颜色

Step 03 返回Excel工作界面中，可以看到更改颜色后的图表显示效果，如图5-14所示。

Step 04 单击"图表样式"选项组中的"其他"按钮，打开"图表样式"面板，在其中选择需要的图表样式，如图5-15所示。

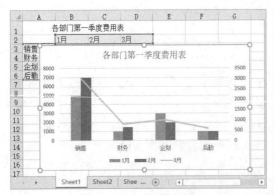

图 5-14　更改图表的颜色

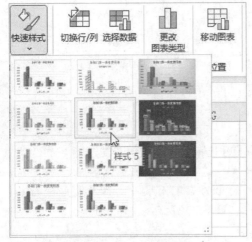

图 5-15　应用图表样式

5.1.4　创建迷你图表

迷你图是一种小型图表，可放在工作表内的单个单元格中，使用迷你图可以显示一系列数值的趋势。若要创建迷你图，必须先选择要分析的数据区域，然后选择要放置迷你图的位置。在Excel 2021中提供了三种类型的迷你图：折线图、柱形图和盈亏图。

下面介绍如何创建折线图，具体的操作步骤如下。

Step 01 新建Excel文档，在其中输入数据，这里制作一份图书销售表，在“插入”选项卡中，单击“迷你图”选项组中的“折线”按钮，如图5-16所示。

Step 02 弹出“创建迷你图”对话框，将光标定位在“数据范围”右侧的框中，然后在工作表中拖动鼠标选择数据区域B3:E7，使用同样的方法，在“位置范围”框中设置放置迷你图的位置，如图5-17所示。

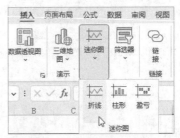

图 5-16　单击“折线”按钮

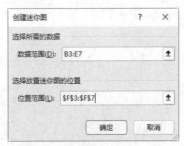

图 5-17　“创建迷你图”对话框

Step 03 设置完成后，单击“确定”按钮，迷你图创建完成，如图5-18所示。

名称	一季度	二季度	三季度	四季度
图书A	625	500	645	650
图书B	300	350	150	250
图书C	400	450	500	350
图书D	500	475	300	450
图书E	650	600	700	820

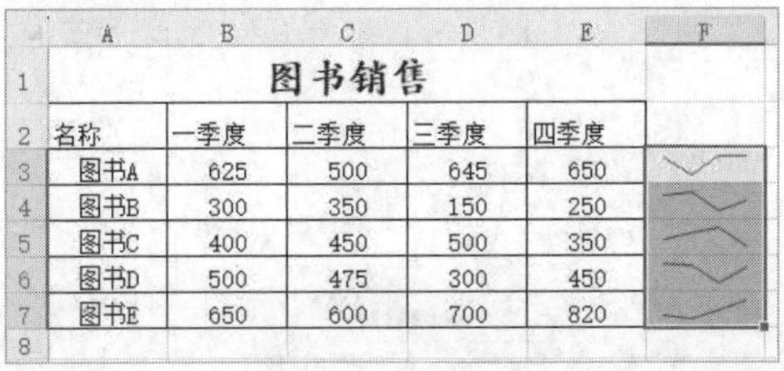

图 5-18　创建迷你图

Step 04 在“迷你图”选项卡的“显示”选项组中，勾选“高点”和“低点”复选框，此时迷你图中将标识出数据区域的最高点及最低点，如图5-19所示。

名称	一季度	二季度	三季度	四季度
图书A	625	500	645	650
图书B	300	350	150	250
图书C	400	450	500	350
图书D	500	475	300	450
图书E	650	600	700	820

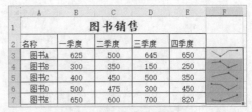

图 5-19　添加最高点与最低点

5.2 使用自选形状

Excel 2021中内置了8大类图形，分别为线条、矩形、基本形状、箭头总汇、公式形状、流程图、星与旗帜、标注等。单击"插入"选项卡下"插图"选项组中的"形状"按钮，在弹出的下拉列表中，根据需要从中选择合适的图形对象。

5.2.1 绘制自选形状

在Excel工作表中绘制形状的具体操作步骤如下。

Step 01 新建一个空白工作簿，在"插入"选项卡中，单击"插图"选项组中的"形状"按钮，弹出形状下拉列表，在其中选择要插入的形状，如图5-20所示。

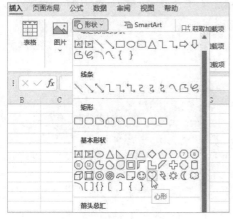

图 5-20 选择要插入的形状

Step 02 返回工作表中，在任意位置处单击并拖动鼠标，即可绘制出相应的图形，如图5-21所示。

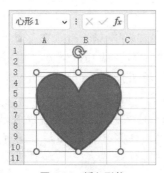

图 5-21 插入形状

提示：当在工作表区域内添加并选择图形时，会在功能区中出现"形状格式"选项卡，在其中可以对形状对象进行相关格式的设置，如图5-22所示。

图 5-22 "形状格式"选项卡

5.2.2 在形状中添加文字

许多形状中提供了插入文字的功能，具体的操作步骤如下。

Step 01 在Excel工作表中插入形状后，右击形状，在弹出的快捷菜单中选择"编辑文字"选项，形状中会出现输入光标，如图5-23所示。

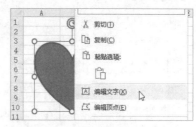

图 5-23 选择"编辑文字"选项

Step 02 在光标处输入文字即可，如图5-24所示。

图 5-24 输入文字

提示：当形状包含文本时，单击对象即可进入编辑模式。若要退出编辑模式，首先确定对象被选中，然后按Esc键即可。

5.2.3 设置形状样式

适当地设置形状样式，可以使其更具

有说服力。设置形状样式的具体操作步骤如下。

Step 01 在Excel工作表中插入一个形状，如图5-25所示。

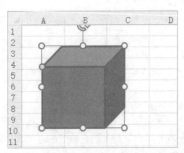

图 5-25　插入一个形状

Step 02 选中形状，单击"形状格式"选项卡下"形状样式"选项组中的"其他"按钮 ，在弹出的下拉列表中选择需要的样式，效果如图5-26所示。

图 5-26　选择形状样式

Step 03 单击"形状格式"选项卡下"形状样式"选项组中的"形状轮廓"按钮，在弹出的下拉列表中选择"红色"轮廓，如图5-27所示。

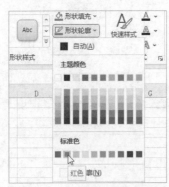

图 5-27　选择形状轮廓的颜色

Step 04 最终效果如图5-28所示。

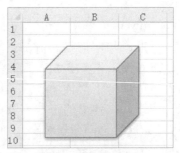

图 5-28　最终显示效果

5.2.4　添加形状效果

为形状添加效果，如阴影和三维效果等，可以增强形状的立体感，起到强调形状视觉效果的作用。为形状添加效果的具体操作步骤如下。

Step 01 选定要添加效果的形状，如图5-29所示。

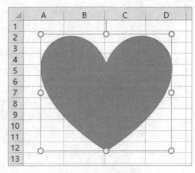

图 5-29　选择形状

Step 02 单击"形状格式"选项卡下"形状样式"选项组中的"形状效果"按钮，在弹出的下拉列表中可以选择形状效果选项，包括预设、阴影、映像、发光等，如图5-30所示。

Step 03 如果想要为形状添加阴影效果，则可以选择"阴影"选项，然后在其子列表中选择需要的阴影样式。添加阴影后的形状效果如图5-31所示。

Step 04 如果想要为形状添加预设效果，则可以选择"预设"选项，然后在其子列表中选择需要的预设样式。添加预设样式后的形状效果如图5-32所示。

图5-30　"形状效果"下拉列表

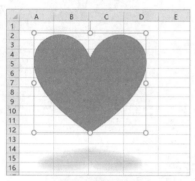

图5-31　添加阴影效果

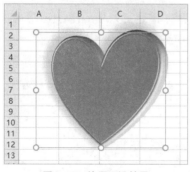

图5-32　使用预设效果

💬提示：使用相同的方法，还可以为形状添加发光、映像、三维旋转等效果，这里不再赘述。

5.3　使用SmartArt图形

SmartArt图形是数据信息的艺术表示形式，可以在多种不同的布局中创建SmartArt图形，以便快速、轻松、高效地表达信息。

5.3.1　创建SmartArt图形

在创建SmartArt图形之前，应清楚需要通过SmartArt图形表达什么信息以及是否希望信息以某种特定方式显示。创建SmartArt图形的具体操作步骤如下。

Step 01 单击"插入"选项卡下"插图"选项组中的"SmartArt"按钮，弹出"选择SmartArt图形"对话框，如图5-33所示。

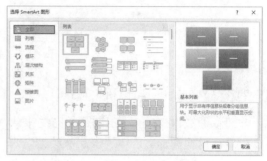

图5-33　"选择SmartArt图形"对话框

Step 02 选择左侧列表中的"层次结构"选项，在右侧的列表框中选择"组织结构图"选项，如图5-34所示，单击"确定"按钮。

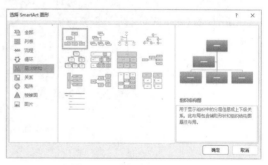

图5-34　选择要插入的结构

Step 03 即可在工作表中插入选择的SmartArt图形，如图5-35所示。

Step 04 在"在此处键入文字"面板中添加如图5-36所示的内容，SmartArt图形会自动更新显示的内容。

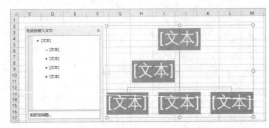

图 5-35　插入 SmartArt 图形

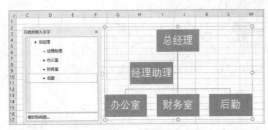

图 5-36　输入文字

5.3.2　改变SmartArt图形的布局

可以通过改变SmartArt图形的布局来改变外观，以使图形更能体现出层次结构。

1. 改变悬挂结构

改变悬挂结构的具体操作步骤如下。

Step 01 选择SmartArt图形的最上层形状，在"SmartArt设计"选项卡下"创建图形"选项组中，单击"布局"按钮，在弹出的下拉列表中选择"左悬挂"选项，如图5-37所示。

图 5-37　选择"左悬挂"选项

Step 02 即可改变SmartArt图形结构，如图5-38所示。

2. 改变布局样式

改变布局样式的具体操作步骤如下。

Step 01 单击"SmartArt设计"选项卡下"版式"选项组右侧的按钮，在弹出的列表中选择"水平层次结构"形式，如图5-39所示。

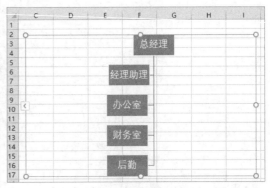

图 5-38　改变悬挂结构

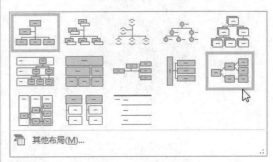

图 5-39　选择布局样式

Step 02 即可快速更改SmartArt图形的布局，如图5-40所示。

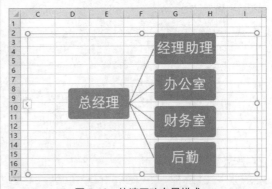

图 5-40　快速更改布局样式

提示：也可以在"布局"下拉列表中选择"其他布局"选项，打开"选择SmartArt图形"对话框，在其中选择需要的布局样式，如图5-41所示。

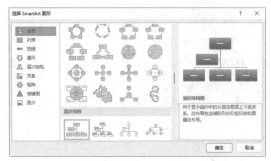

图 5-41　"选择 SmartArt 图形"对话框

5.3.3　更改SmartArt图形的样式

　　用户可以通过更改SmartArt图形的样式使插入的SmartArt图形更加美观，具体的操作步骤如下。

Step 01　选中SmartArt图形，在"SmartArt设计"选项卡下"SmartArt样式"选项组中单击右侧的"其他"按钮▾，在弹出的下拉列表中选择"三维"组中的"优雅"类型样式，如图5-42所示。

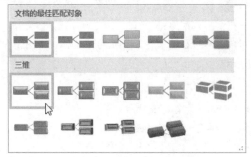

图 5-42　选择形状样式

Step 02　即可更改SmartArt图形的样式，如图5-43所示。

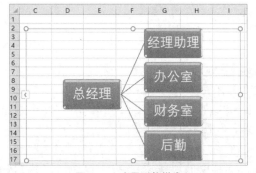

图 5-43　应用形状样式

5.3.4　更改SmartArt图形的颜色

　　通过改变SmartArt图形的颜色可以使图形更加绚丽多彩，具体的操作步骤如下。

Step 01　选中需要更改颜色的SmartArt图形，单击"SmartArt设计"选项卡下"SmartArt样式"选项组中的"更改颜色"按钮，在弹出的下拉列表中选择"彩色"选项组中的一种样式，如图5-44所示。

图 5-44　选择颜色

Step 02　更改SmartArt图形颜色后的效果如图5-45所示。

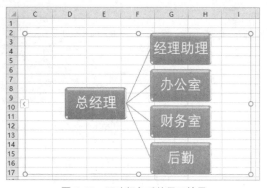

图 5-45　更改颜色后的显示效果

5.4　使用艺术字

　　在工作表中除了可以插入图形外，还可以插入艺术字、文本框和其他对象。艺术字是一个文字样式库，用户可以将艺术字添加到Excel文档中，制作出装饰性效果。

5.4.1　添加艺术字

在工作表中添加艺术字的具体操作步骤如下。

Step 01 在Excel工作表的"插入"选项卡中，单击"文本"选项组中的"艺术字"按钮，弹出"艺术字"下拉列表，如图5-46所示。

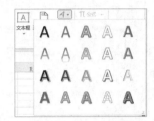

图5-46　"艺术字"下拉列表

Step 02 单击所需的艺术字样式，即可在工作表中插入艺术字文本框，如图5-47所示。

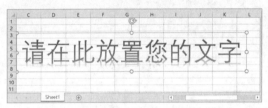

图5-47　艺术字文本框

Step 03 将光标定位在工作表的艺术字文本框中，删除预定的文字，输入作为艺术字的文本，如图5-48所示。

图5-48　输入文字

Step 04 单击工作表中的任意位置，即可完成艺术字的输入，如图5-49所示。

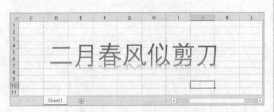

图5-49　完成艺术字的输入

5.4.2　设置艺术字样式

在"艺术字样式"组中可以快速更改艺术字的样式以及清除艺术字样式，具体的操作步骤如下。

Step 01 选择艺术字，在"形状格式"选项卡中，单击"艺术字样式"选项组中的"快速样式"按钮，在弹出的下拉列表中选择需要的样式即可，如图5-50所示。

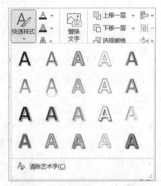

图5-50　选择艺术字样式

Step 02 设置颜色。选择艺术字，单击"艺术字样式"选项组中的"文本填充"按钮，可以自定义设置艺术字的颜色，如图5-51所示。

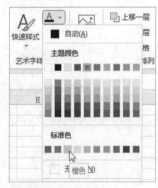

图5-51　设置艺术字的颜色

Step 03 设置文本轮廓。选择艺术字，单击"艺术字样式"选项组中的"文本轮廓"按钮，可以自定义设置艺术字的轮廓样式，如图5-52所示。

Step 04 设置文本效果。单击"艺术字样式"选项组中的"文本效果"按钮，在弹出的菜单中可以设置艺术字的阴影、映像、发光、棱台、三维旋转及转换等效果，如图5-53所示。

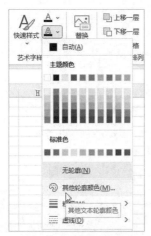

图 5-52 设置艺术字的轮廓样式

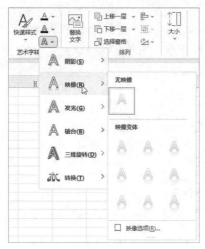

图 5-53 设置艺术字的文本效果

5.5 高效办公技能实战

5.5.1 实战1：使用图片美化工作表

为了使Excel工作表图文并茂，需要在工作表中插入图片或联机图片。Excel插图具有很好的视觉效果，使用它可以美化文档，丰富工作表内容。使用图片美化工作表的操作步骤如下。

Step 01 新建Excel文档，单击"插入"选项卡下"插图"选项组中的"图片"按钮，

在弹出的下拉列表中选择"此设备"选项，如图5-54所示。

图 5-54 选择"此设备"选项

Step 02 弹出"插入图片"对话框，在其中选择图片保存的位置，然后选中需要插入到工作表中的图片，如图5-55所示。

图 5-55 选择要插入的图片

Step 03 单击"插入"按钮，即可将图片插入到Excel工作表中，如图5-56所示。

图 5-56 插入图片

Step 04 选中插入的图片，在"图片格式"选项卡中，单击"图片样式"选项组中的·按钮，弹出"快速样式"下拉列表，鼠标指

针在内置样式上经过，可以看到图片样式会随之发生改变，确定一种合适的样式，然后单击即可应用该样式，如图5-57所示。

🔊提示：选择插入的图片，会在功能区中出现"图片格式"选项卡，在其中可以对图片对象进行相关格式的设置，如图5-58所示。

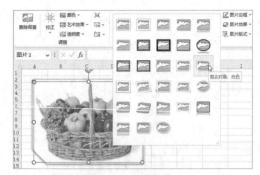

图 5-57 应用图片样式

图 5-58 "图片格式"选项卡

5.5.2 实战2：为工作表添加图片背景

Excel 2021支持将jpg、gif、bmp、png等格式的图片设置为工作表的背景。下面以"工资表"表为例进行介绍，具体的操作步骤如下。

Step 01 打开需要设置图片背景的工作表，选择"页面布局"选项卡，单击"页面设置"选项组中的"背景"按钮，如图5-59所示。

图 5-59 单击"背景"按钮

Step 02 弹出"插入图片"对话框，单击"从文件"右侧的"浏览"按钮，如图5-60所示。

图 5-60 "插入图片"对话框

Step 03 弹出"工作表背景"对话框，选择计算机中的某张图片作为背景图片，单击

"插入"按钮，如图5-61所示。

Step 04 返回工作表中，可以看到插入背景图片后的效果，如图5-62所示。

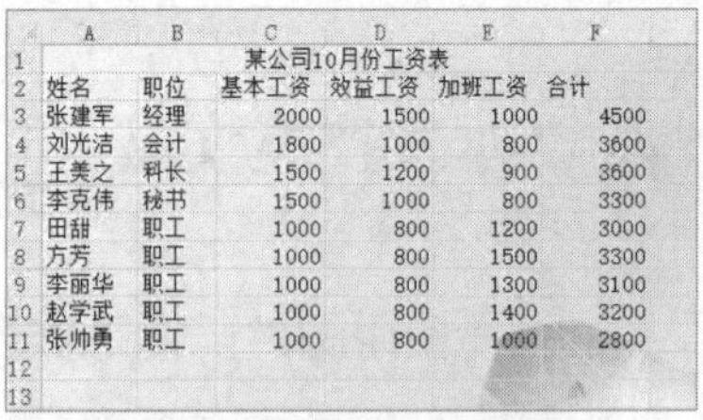

图 5-61 选择工作表的背景图片

图 5-62 添加图片背景

🔊提示：用于背景图片的颜色尽量不要太深，否则会影响工作表中数据的显示。插入背景图片后，在"页面布局"选项卡中，单击"页面设置"组的"删除背景"按钮，可以清除背景图片。

第6章 工作表数据的管理与分析

使用Excel 2021可以对工作表中的数据进行分析，例如通过Excel的排序功能可以将数据表中的内容按照特定的规则排序；使用筛选功能可以将满足用户条件的数据单独显示。本章介绍工作表数据管理与分析的方法。

6.1 通过筛选分析数据

6.1.1 单条件筛选

单条件筛选是将符合一项条件的数据筛选出来。例如在销售表中，要将产品为冰箱的销售记录筛选出来，具体的操作步骤如下。

Step 01 新建一个Excel文档，在其中输入一份销售表，将光标定位在数据区域内任意单元格，如图6-1所示。

		君石贸易销售统计表		
产品	品牌	一月	二月	三月
冰箱	海尔	516	621	550
冰箱	美的	520	635	621
冰箱	容声	415	456	480
冰箱	奥马	508	598	562
空调	海尔	105	159	200
空调	美的	210	255	302
空调	格力	68	152	253
空调	志高	120	140	157
洗衣机	海尔	678	789	750
洗衣机	创维	721	725	735
洗衣机	海信	508	560	582
洗衣机	小天鹅	489	782	852

图 6-1 输入内容

Step 02 在"数据"选项卡中，单击"排序和筛选"选项组中的"筛选"按钮，进入自动筛选状态，此时在标题行每列的右侧会出现一个下拉按钮，如图6-2所示。

Step 03 单击"产品"列右侧的下拉按钮，在弹出的下拉列表中不勾选"全选"复选框，勾选"冰箱"复选框，如图6-3所示，然后单击"确定"按钮。

		君石贸易销售统计表		
产品	品牌	一月	二月	三月
冰箱	海尔	516	621	550
冰箱	美的	520	635	621
冰箱	容声	415	456	480
冰箱	奥马	508	598	562
空调	海尔	105	159	200
空调	美的	210	255	302
空调	格力	68	152	253
空调	志高	120	140	157
洗衣机	海尔	678	789	750
洗衣机	创维	721	725	735
洗衣机	海信	508	560	582
洗衣机	小天鹅	489	782	852

图 6-2 单击"筛选"按钮

图 6-3 设置单条件筛选

Step 04 此时系统将筛选出产品为冰箱的销售记录，其他记录则被隐藏起来，如图6-4所示。

	A	B	C	D	E
1	君石贸易销售统计表				
2	产品	品牌	一月	二月	三月
3	冰箱	海尔	516	621	550
4	冰箱	美的	520	635	621
5	冰箱	容声	415	456	480
6	冰箱	奥马	508	598	562

图 6-4　筛选出符合条件的记录

💬提示：进行筛选操作后，在列标题右侧的下拉按钮上将显示"漏斗"图标，将光标定位在"漏斗"图标上，即可显示出相应的筛选条件。

6.1.2　多条件筛选

多条件筛选是将符合多个条件的数据筛选出来。例如将销售表中品牌分别为海尔和美的的销售记录筛选出来，具体的操作步骤如下。

Step 01 重复上述步骤1和步骤2，单击"品牌"列右侧的下拉按钮，在弹出的下拉列表中不勾选"全选"复选框，勾选"海尔"和"美的"复选框，然后单击"确定"按钮，如图6-5所示。

图 6-5　设置多条件筛选

Step 02 此时系统将筛选出品牌为海尔和美的的销售记录，其他记录则被隐藏起来，如图6-6所示。

	A	B	C	D	E
1	君石贸易销售统计表				
2	产品	品牌	一月	二月	三月
3	冰箱	海尔	516	621	550
4	冰箱	美的	520	635	621
7	空调	海尔	105	159	200
8	空调	美的	210	255	302
11	洗衣机	海尔	678	789	750

图 6-6　筛选出符合条件的记录

💬提示：若要清除筛选，在"数据"选项卡中，单击"排序和筛选"选项组中"清除"按钮即可。

6.1.3　高级筛选

如果要对多个数据列设置复杂的筛选条件时，需要使用Excel提供的高级筛选功能。例如将一月份和二月份销售量均大于500的记录筛选出来，具体的操作步骤如下。

Step 01 新建一个Excel文档，在其中输入一份销售表，在单元格区域G2:H3中分别输入字段名和筛选条件，如图6-7所示。

	A	B	C	D	E	F	G	H
1	君石贸易销售统计表							
2	产品	品牌	一月	二月	三月		一月	二月
3	冰箱	海尔	516	621	550		>500	>500
4	冰箱	美的	520	635	621			
5	冰箱	容声	415	456	480			
6	冰箱	奥马	508	598	562			
7	空调	海尔	105	159	200			
8	空调	美的	210	255	302			
9	空调	格力	68	152	253			
10	空调	志高	120	140	157			
11	洗衣机	海尔	678	789	750			
12	洗衣机	创维	721	725	735			
13	洗衣机	海信	508	560	582			
14	洗衣机	小天鹅	489	782	852			

图 6-7　输入筛选条件

Step 02 在"数据"选项卡中，单击"排序和筛选"选项组中组的"高级"按钮，弹出"高级筛选"对话框，选中"在原有区域显示筛选结果"单选按钮，在"列表区域"中选择单元格区域A2:E14，如图6-8所示。

💬提示：若在"高级筛选"对话框中选中"将筛选结果复制到其他位置"单选按钮，则"复制到"输入框将呈高亮显示，在其中选择单元格区域，筛选的结果即复制到所选的单元格区域中。

图6-8　"高级筛选"对话框

Step 03 在"条件区域"中选择单元格区域G2:H3，单击"确定"按钮，如图6-9所示。

图6-9　设置"条件区域"

Step 04 此时系统将在选定的列表区域中筛选出符合条件的记录，如图6-10所示。

	A	B	C	D	E	F	G	H
1		君石贸易销售统计表						
2	产品	品牌	一月	二月	三月		一月	二月
3	冰箱	海尔	516	621	550		>500	>500
4	冰箱	美的	520	635	621			
6	冰箱	奥马	508	598	562			
11	洗衣机	海尔	678	789	750			
12	洗衣机	创维	721	725	735			
13	洗衣机	海信	508	560	582			

图6-10　筛选出符合条件的记录

提示： 在选择"条件区域"时，一定要包含"条件区域"的字段名。

由上可知，在使用高级筛选功能之前，应先建立一个条件区域，用来指定筛选的数据必须满足的条件，并且在条件区域中要求包含作为筛选条件的字段名。

6.2　通过排序分析数据

Excel 2021提供了多种排序方法，用户可以根据需要进行单条件排序或多条件排序，也可以按照行、列排序，还可以根据需要自定义排序。

6.2.1　单条件排序

单条件排序是依据一个条件对数据进行排序。例如要对销售表中的"一月"销售量进行升序排序，具体的操作步骤如下。

Step 01 新建一个Excel文档，在其中输入一份销售表，将光标定位在"一月"列中的任意单元格，如图6-11所示。

	A	B	C	D	E
1		君石贸易销售统计表			
2	产品	品牌	一月	二月	三月
3	冰箱	海尔	516	621	550
4	冰箱	美的	520	635	621
5	冰箱	容声	415	456	480
6	冰箱	奥马	508	598	562
7	空调	海尔	105	159	200
8	空调	美的	210	255	302
9	空调	格力	68	152	253
10	空调	志高	120	140	157
11	洗衣机	海尔	678	789	750
12	洗衣机	创维	721	725	735
13	洗衣机	海信	508	560	582
14	洗衣机	小天鹅	489	782	852

图6-11　输入内容

Step 02 在"数据"选项卡中，单击"排序和筛选"选项组中的"升序"按钮，即可对该列进行升序排序，如图6-12所示。

	A	B	C	D	E	F
1		君石贸易销售统计表				
2	产品	品牌	一月	二月	三月	
3	空调	格力	68	152	253	
4	空调	海尔	105	159	200	
5	空调	志高	120	140	157	
6	空调	美的	210	255	302	
7	冰箱	容声	415	456	480	
8	洗衣机	小天鹅	489	782	852	
9	冰箱	奥马	508	598	562	
10	洗衣机	海信	508	560	582	
11	冰箱	海尔	516	621	550	
12	冰箱	美的	520	635	621	
13	洗衣机	海尔	678	789	750	
14	洗衣机	创维	721	725	735	

图6-12　单击"升序"按钮

提示： 若单击"降序"按钮，即可对该列进行降序排序。

此外，将光标定位在要排序列的任意单元格，单击鼠标右键，在弹出的快捷菜单中依次选择“排序”→“升序”选项或“降序”选项，也可快速排序，如图6-13所示。或者在“开始”选项卡的“编辑”选项组中，单击“排序和筛选”的下拉按钮，在弹出的下拉列表中选择“升序”或“降序”选项，同样可以进行排序，如图6-14所示。

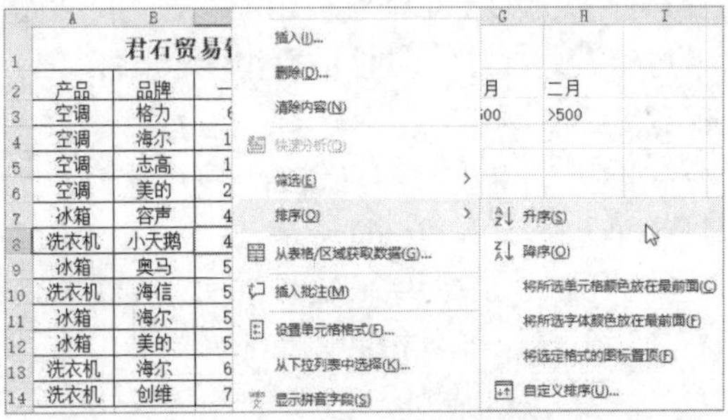

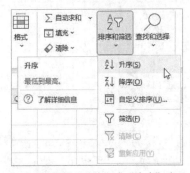

图6-13 选择“升序”选项

图6-14 选择“升序”或“降序”选项

提示：由于数据表中有多列数据，如果仅对一列或几列排序，则会打乱整个数据表中数据的对应关系，因此应谨慎使用排序操作。

6.2.2 多条件排序

多条件排序是依据多个条件对数据表进行排序。例如，要对销售表中的“一月”销售量进行升序排序，当“一月”销售量相等时，以此为基础对“二月”销售量进行升序排序，以此类推，对3个月份都进行升序排序，具体的操作步骤如下。

Step 01 新建一个Excel文档，在其中输入一份销售表，将光标定位在数据区域中的任意单元格，如图6-15所示。

	A	B	C	D	E
1	君石贸易销售统计表				
2	产品	品牌	一月	二月	三月
3	冰箱	海尔	516	621	550
4	冰箱	美的	520	635	621
5	冰箱	容声	415	456	480
6	冰箱	奥马	508	598	562
7	空调	海尔	105	159	200
8	空调	美的	210	255	302
9	空调	格力	68	152	253
10	空调	志高	120	140	157
11	洗衣机	海尔	678	789	750
12	洗衣机	创维	721	725	735
13	洗衣机	海信	508	560	582
14	洗衣机	小天鹅	489	782	852

图6-15 输入内容

提示：单击鼠标右键，在弹出的快捷菜单中依次选择“排序”→“自定义排序”选项，也可弹出“排序”对话框。

Step 02 在“数据”选项卡中，单击“排序和筛选”选项组中的“排序”按钮，弹出“排序”对话框，单击“排序依据”右侧的下拉按钮，在弹出的下拉列表中选择“一月”选项，使用同样的方法，设置“排序依据”和“次序”分别为“单元格值”和“升序”选项，如图6-16所示。

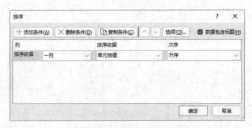

图6-16 设置排序条件

Step 03 单击“添加条件”按钮，将添加一个“次要关键字”，如图6-17所示。

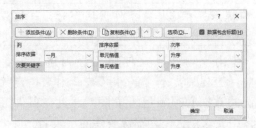

图6-17 设置“次要关键字”的排序条件

Step 04 重复步骤2和步骤3，分别设置3个月份的排序条件，设置完成后，单击"确定"按钮，如图6-18所示。

图6-18　设置其余"次要关键字"的排序条件

Step 05 此时系统将对3个月份按数值进行升序排序，如图6-19所示。

图6-20　选择"选项"命令

Step 02 弹出"Excel选项"对话框，在左侧选择"高级"选项，然后在右侧单击"常规"区域中的"编辑自定义列表"按钮，如图6-21所示。

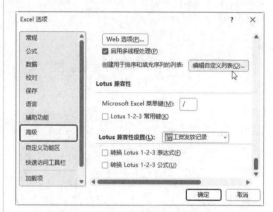

图6-19　完成多条件排序

📎**提示**：在Excel 2021中，多条件排序最多可设置64个关键字。如果进行排序的数据没有标题行，或者让标题行也参与排序，在"排序"对话框中不勾选"数据包含标题"复选框即可。

6.2.3　自定义排序

除了按照系统提供的排序规则进行排序外，用户还可自定义排序，具体的操作步骤如下。

Step 01 新建一个Excel文档，在其中输入一份工资表，选择"文件"选项卡，进入文件操作界面，单击"更多"选项，在弹出的列表中选择"选项"命令，如图6-20所示。

图6-21　单击"编辑自定义列表"按钮

Step 03 弹出"自定义序列"对话框，在"输入序列"文本框中输入如图6-22所示的序列，然后单击"添加"按钮。

图6-22　输入自定义的序列

Step 04 添加完成后，依次单击"确定"按钮，返回工作表中，将光标定位在数据区域内的任意单元格，在"数据"选项卡中，单击"排序和筛选"选项组中的"排序"按钮，如图6-23所示。

图 6-23 单击"排序"按钮

Step 05 弹出"排序"对话框，单击"排序依据"右侧的下拉按钮，在弹出的下拉列表中选择"部门"选项，然后在"次序"的下拉列表中选择"自定义序列"选项，如图6-24所示。

图 6-24 设置排序条件

Step 06 弹出"自定义序列"对话框，在"自定义序列"列表框中选择相应的序列，然后单击"确定"按钮，如图6-25所示。

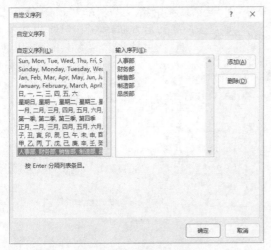

图 6-25 选择自定义序列

Step 07 返回"排序"对话框，可以看到"次序"的下拉列表已经设置为自定义的序列，如图6-26所示，单击"确定"按钮。

图 6-26 设置"次序"为自定义序列

Step 08 此时系统将按照自定义的序列对数据进行排序，如图6-27所示。

员工ID	姓名	部门	基本工资	岗位津贴	其他奖金	保险扣薪	实发工资
F1042001	胡齐阳	人事部	2500	1000	500	120	3880
F1042009	赵雪琴	人事部	2500	1000	600	120	3980
F1042006	张建华	财务部	2000	1000	500	100	3400
F1042007	刘仁星	财务部	2000	1000	760	100	3660
F1042002	李子奇	销售部	1690	900	1000	100	3490
F1042008	刘尚云	销售部	1690	900	2560	120	5030
F1042004	董小玉	制造部	1610	900	200	100	2610
F1042005	薛仁贵	制造部	2080	900	400	50	3330
F1042003	乔英子	品质部	2680	1000	600	50	4230

图 6-27 完成自定义排序

6.3 通过分类汇总分析数据

分类汇总是对数据清单中的数据进行分类，在分类的基础上汇总数据。进行分类汇总时，用户无须创建公式，系统会自动对数据进行求和、求平均值和计数等运算。但是，在进行分类汇总工作之前，需要对数据进行排序，即分类汇总是在有序的数据基础上实现的。

6.3.1 简单分类汇总

要进行分类汇总的数据列表，要求每一列数据都要有列标题。Excel将依据列标题来决定如何创建分类，以及进行何种计算。下面在工资表中，依据发薪日期进行分类，并且统计出每个月所有部门实发工资的总和，具体的操作步骤如下。

Step 01 新建一个Excel文档，在其中输入一份工资表，这里添加"发薪日期"数据列，将光标定位在D列中的任意单元格，在"数据"选项卡中，单击"排序和筛选"选项组的"升序"按钮，对该列进行升序排序，如图6-28所示。

	A	B	C	D	E	F	G	H	I
1					工资表				
2	员工ID	姓名	部门	发薪日期	基本工资	岗位津贴	其他奖金	保险扣薪	实发工资
3	F1042001	胡齐阳	人事部	2023/11/15	2500	1000	500	120	3880
4	F1042002	李子奇	销售部	2023/11/15	1690	900	1000	100	3490
5	F1042003	乔英子	品质部	2023/11/15	2680	1000	600	50	4230
6	F1042004	董小玉	制造部	2023/11/15	1610	900	200	100	2610
7	F1042005	薛仁贵	制造部	2023/11/15	2080	900	400	50	3330
8	F1042006	张建华	财务部	2023/11/15	2000	1000	500	100	3400
9	F1042007	刘仁星	财务部	2023/11/15	2000	1000	760	100	3660
10	F1042008	刘尚云	销售部	2023/11/15	1690	900	2560	120	5030
11	F1042009	赵雪琴	人事部	2023/11/15	2500	1000	600	120	3980
12	F1042001	胡齐阳	人事部	2023/12/15	2500	1000	560	120	3940
13	F1042002	李子奇	销售部	2023/12/15	1690	900	1080	100	3570
14	F1042003	乔英子	品质部	2023/12/15	2680	1000	680	50	4310
15	F1042004	董小玉	制造部	2023/12/15	1610	900	270	100	2680
16	F1042005	薛仁贵	制造部	2023/12/15	2080	900	450	50	3380
17	F1042006	张建华	财务部	2023/12/15	2000	1000	500	100	3400
18	F1042007	刘仁星	财务部	2023/12/15	2000	1000	760	100	3660
19	F1042008	刘尚云	销售部	2023/12/15	1690	900	2560	120	5030
20	F1042009	赵雪琴	人事部	2023/12/15	2500	1000	660	120	4040

图6-28　对"发薪日期"进行升序排序

Step 02 排序完成后，在"数据"选项卡中，单击"分级显示"选项组的"分类汇总"按钮，如图6-29所示。

图6-29　单击"分类汇总"按钮

Step 03 弹出"分类汇总"对话框，单击"分类字段"右侧的下拉按钮，在弹出的下拉列表中选择"发薪日期"选项，在"汇总方式"下拉列表中选择"求和"选项，在"选定汇总项"列表框中勾选"实发工资"复选框，如图6-30所示，然后单击"确定"按钮。

Step 04 此时工资表将依据发薪日期进行分类汇总，并统计出每月的实发工资总和，如图6-31所示。

💧**提示**：汇总方式除了求和以外，还有最大值、最小值、计数、乘积、方差等，用户可根据需要进行选择。

图6-30　"分类汇总"对话框

	A	B	C	D	E	F	G	H	I
1					工资表				
2	员工ID	姓名	部门	发薪日期	基本工资	岗位津贴	其他奖金	保险扣薪	实发工资
3	F1042001	胡齐阳	人事部	2023/11/15	2500	1000	500	120	3880
4	F1042002	李子奇	销售部	2023/11/15	1690	900	1000	100	3490
5	F1042003	乔英子	品质部	2023/11/15	2680	1000	600	50	4230
6	F1042004	董小玉	制造部	2023/11/15	1610	900	200	100	2610
7	F1042005	薛仁贵	制造部	2023/11/15	2080	900	400	50	3330
8	F1042006	张建华	财务部	2023/11/15	2000	1000	500	100	3400
9	F1042007	刘仁星	财务部	2023/11/15	2000	1000	760	100	3660
10	F1042008	刘尚云	销售部	2023/11/15	1690	900	2560	120	5030
11	F1042009	赵雪琴	人事部	2023/11/15	2500	1000	600	120	3980
12				2023/11/15 汇总					33610
13	F1042001	胡齐阳	人事部	2023/12/15	2500	1000	560	120	3940
14	F1042002	李子奇	销售部	2023/12/15	1690	900	1080	100	3570
15	F1042003	乔英子	品质部	2023/12/15	2680	1000	680	50	4310
16	F1042004	董小玉	制造部	2023/12/15	1610	900	270	100	2680
17	F1042005	薛仁贵	制造部	2023/12/15	2080	900	450	50	3380
18	F1042006	张建华	财务部	2023/12/15	2000	1000	500	100	3400
19	F1042007	刘仁星	财务部	2023/12/15	2000	1000	760	100	3660
20	F1042008	刘尚云	销售部	2023/12/15	1690	900	2560	120	5030
21	F1042009	赵雪琴	人事部	2023/12/15	2500	1000	660	120	4040
22				2023/12/15 汇总					34010
23				总计					67620

图6-31　简单分类汇总的结果

6.3.2 多重分类汇总

多重分类汇总是指依据两个或更多个分类项，对工作表中的数据进行分类汇总。下面在工资表中，先依据发薪日期汇总出每月的实发工资情况，再依据部门汇总出每个部门的实发工资情况，具体的操作步骤如下。

Step 01 将光标定位在工资表中数据区域内的任意单元格，在"数据"选项卡中，单击"排序和筛选"选项组的"排序"按钮，如图6-32所示。

Step 02 弹出"排序"对话框，设置"主要关键字"为"发薪日期"，"排序依据"

和"次序"分别为"单元格值"和"升序"，然后单击"添加条件"按钮，并设置"次要关键字"为"部门"，单击"确定"按钮，如图6-33所示。

图6-32 单击"排序"按钮

图6-33 设置主要关键字和次要关键字

Step 03 返回工作表，接下来设置分类汇总。将光标定位在数据区域内的任意单元格，在"数据"选项卡中，单击"分级显示"选项组的"分类汇总"按钮，弹出"分类汇总"对话框，在"分类字段"下拉列表中选择"发薪日期"选项，在"汇总方式"下拉列表中选择"求和"选项，在"选定汇总项"列表框中勾选"实发工资"复选框，如图6-34所示。

图6-34 "分类汇总"对话框1

Step 04 单击"确定"按钮，建立简单分类汇总，如图6-35所示。

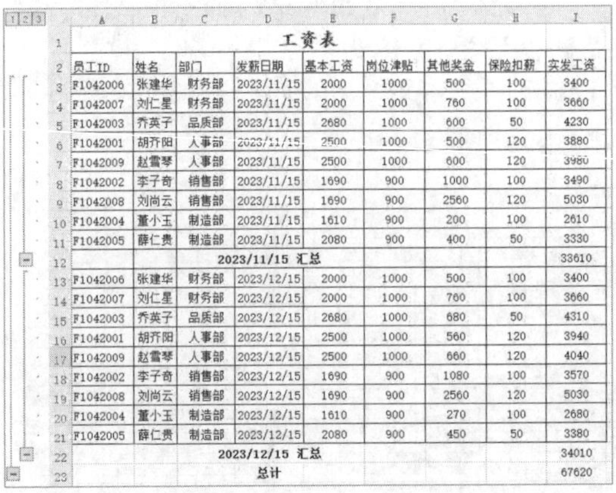

图6-35 简单分类汇总的结果

Step 05 再次单击"分级显示"选项组的"分类汇总"按钮，弹出"分类汇总"对话框，在"分类字段"下拉列表中选择"部门"选项，在"汇总方式"下拉列表中选择"求和"选项，在"选定汇总项"列表框中勾选"实发工资"复选框，不勾选"替换当前分类汇总"复选框，如图6-36所示。

图6-36 "分类汇总"对话框2

Step 06 单击"确定"按钮，此时即建立两重分类汇总，如图6-37所示。

提示：建立分类汇总后，如果修改明细数据，汇总数据将会自动更新。

1 2 3 4		A	B	C	D	E	F	G	H	I
	7			品质部 汇总						4230
	8	F1042001	胡乔阳	人事部	2023/11/15	2500	1000	500	120	3880
	9	F1042009	赵雪琴	人事部	2023/11/15	2500	1000	600	120	3980
	10			人事部 汇总						7860
	11	F1042002	李子奇	销售部	2023/11/15	1690	900	1000	100	3490
	12	F1042008	刘尚云	销售部	2023/11/15	1690	900	2560	120	5030
	13			销售部 汇总						8520
	14	F1042004	董小玉	制造部	2023/11/15	1610	900	200	100	2610
	15	F1042005	薛仁贵	制造部	2023/11/15	2080	900	400	50	3330
	16			制造部 汇总						5940
	17			2023/11/15 汇总						33610
	18	F1042006	张建华	财务部	2023/12/15	2000	1000	500	100	3400
	19	F1042007	刘仁星	财务部	2023/12/15	2000	1000	760	100	3660
	20			财务部 汇总						7060
	21	F1042003	乔英子	品质部	2023/12/15	2680	1000	680	50	4310
	22			品质部 汇总						4310
	23	F1042001	胡乔阳	人事部	2023/12/15	2500	1000	560	120	3940
	24	F1042009	赵雪琴	人事部	2023/12/15	2500	1000	660	120	4040
	25			人事部 汇总						7980
	26	F1042002	李子奇	销售部	2023/12/15	1690	900	1080	100	3570
	27	F1042008	刘尚云	销售部	2023/12/15	1690	900	2560	120	5030
	28			销售部 汇总						8600
	29	F1042004	董小玉	制造部	2023/12/15	1610	900	270	100	2680
	30	F1042005	薛仁贵	制造部	2023/12/15	2080	900	450	50	3380
	31			制造部 汇总						6060
	32			2023/12/15 汇总						34010
	33			总计						67620

图 6-37 两重分类汇总的结果

6.3.3 清除分类汇总

如果不再需要分类汇总，可以将其清除，具体的操作步骤如下。

Step 01 将光标定位在数据区域内的任意单元格，在"数据"选项卡中，单击"分级显示"选项组的"分类汇总"按钮，如图6-38所示。

图 6-38 单击"分类汇总"按钮

Step 02 弹出"分类汇总"对话框，单击"全部删除"按钮，如图6-39所示，然后单击"确定"按钮。

图 6-39 单击"全部删除"按钮

Step 03 此时将清除工作表中所有的分类汇总，如图6-40所示。

	A	B	C	D	E	F	G	H	I
1				工资表					
2	员工ID	姓名	部门	发薪日期	基本工资	岗位津贴	其他奖金	保险扣额	实发工资
3	F1042006	张建华	财务部	2023/11/15	2000	1000	500	100	3400
4	F1042007	刘仁星	财务部	2023/11/15	2000	1000	760	100	3660
5	F1042003	乔英子	品质部	2023/11/15	2680	1000	600	50	4230
6	F1042001	胡乔阳	人事部	2023/11/15	2500	1000	500	120	3880
7	F1042009	赵雪琴	人事部	2023/11/15	2500	1000	600	120	3980
8	F1042002	李子奇	销售部	2023/11/15	1690	900	1000	100	3490
9	F1042008	刘尚云	销售部	2023/11/15	1690	900	2560	120	5030
10	F1042004	董小玉	制造部	2023/11/15	1610	900	200	100	2610
11	F1042005	薛仁贵	制造部	2023/11/15	2080	900	400	50	3330
12	F1042006	张建华	财务部	2023/12/15	2000	1000	500	100	3400
13	F1042007	刘仁星	财务部	2023/12/15	2000	1000	760	100	3660
14	F1042003	乔英子	品质部	2023/12/15	2680	1000	680	50	4310
15	F1042001	胡乔阳	人事部	2023/12/15	2500	1000	560	120	3940
16	F1042009	赵雪琴	人事部	2023/12/15	2500	1000	660	120	4040
17	F1042002	李子奇	销售部	2023/12/15	1690	900	1080	100	3570
18	F1042008	刘尚云	销售部	2023/12/15	1690	900	2560	120	5030
19	F1042004	董小玉	制造部	2023/12/15	1610	900	270	100	2680
20	F1042005	薛仁贵	制造部	2023/12/15	2080	900	450	50	3380

图 6-40 清除工作表中所有的分类汇总

💡 **提示**：在"数据"选项卡的"分类汇总"选项组中，单击"取消组合"右侧的下拉按钮，在弹出的下拉列表中选择"清除分级显示"选项，可清除左侧的分类列表，但不会删除分类汇总数据，如图6-41所示。

图 6-41 选择"清除分级显示"选项

6.4 通过合并计算分析数据

在日常工作中，我们经常使用Excel表来统计数据，当工作表过多时，可能需要在各工作表之间不停地切换，这样不仅烦琐，且容易出错。Excel 2021提供的合并计算功能可完美地解决这一问题，使用该功能可以将多个格式相同的工作表合并到一个主表中，便于对数据进行更新和汇总。

6.4.1 按位置合并计算

当多个数据源区域中的数据是按照

相同的顺序排列并使用相同的行和列标签时，可使用按位置合并计算。下面将销售表中3个工作表合并到一个总表中，并计算出总销售数量和总销售额，具体的操作步骤如下。

Step 01 新建一个Excel文档，在其中输入一份小米手机销售表，在"一月"工作表中选择单元格区域D3:E7，然后单击"公式"选项卡下"定义的名称"选项组中"定义名称"按钮，如图6-42所示。

图6-42　单击"定义名称"按钮

Step 02 弹出"新建名称"对话框，在"名称"文本框中输入"一月"，如图6-43所示，单击"确定"按钮。

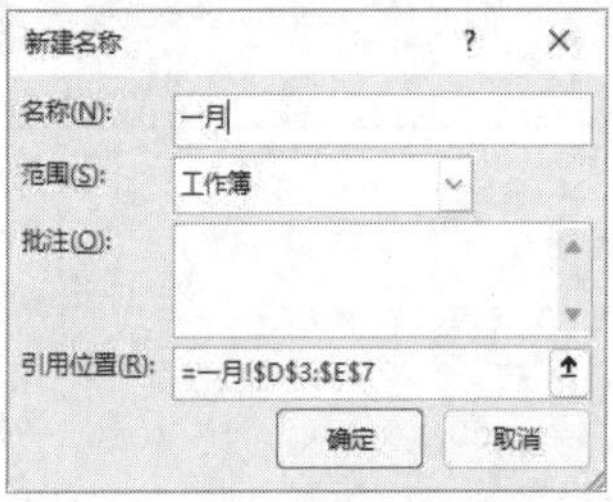

图6-43　输入名称

Step 03 分别切换到"二月"和"三月"工作表，重复步骤1和步骤2，为这两个工作表中的相同单元格区域新建名称。然后单击"汇总"标签，切换到"汇总"工作表，选择单元格D3，在"数据"选项卡中，单击"数据工具"选项组中"合并计算"按钮，如图6-44所示。

图6-44　单击"合并计算"按钮

Step 04 弹出"合并计算"对话框，在"引用位置"文本框中输入"一月"，如图6-45所示，单击"添加"按钮。

图6-45　单击"添加"按钮

Step 05 此时在"所有引用位置"列表框中显示出添加的名称，重复步骤4，添加"二月"和"三月"，如图6-46所示。

图6-46　添加其余的名称

Step 06 单击"确定"按钮，返回工作表，此时"汇总"工作表中将统计出前3个月的总数量及总销售额，如图6-47所示。

	A	B	C	D	E
1		手机销售统计表			
2	品牌	规格/型号	单价	数量	销售额
3	小米	红米2	¥600	1312	787200
4	小米	红米Note2	¥799	1176	939624
5	小米	红米2A	¥499	1353	675147
6	小米	小米4	¥1,299	968	1257432
7	小米	小米4C	¥1,499	1125	1686375

图6-47　按位置合并计算后的结果

🔊**提示**：在合并前要确保每个数据区域都采用列表格式，每列都具有标签，同一列中包含相似的数据，并且在列表中没有空行或空列。

6.4.2　按分类合并计算

当数据源区域中包含相同分类的数据，但数据的排列位置却不一样时，可以按分类进行合并计算，它的方法与按位置合并计算类似，具体的操作步骤如下。

Step 01 新建一个Excel文档，在其中输入一份手机销售表，可以看到，"一分店"和"二分店"工作表中数据的排列位置不一样，但包含相同分类的数据，如图6-48和图6-49所示。

	A	B	C	D	E
1	手机店销售统计表				
2	日期	名称	单价	数量	销售额
3	2023/5/1	华为	¥1,799	25	¥44,975
4	2023/5/1	中兴	¥1,055	54	¥56,970
5	2023/5/1	三星	¥2,455	25	¥61,375
6	2023/5/1	酷派	¥1,088	10	¥10,880
7	2023/5/2	华为	¥1,799	25	¥44,975
8	2023/5/2	中兴	¥1,055	74	¥78,070
9	2023/5/2	三星	¥2,455	42	¥103,110
10	2023/5/2	酷派	¥1,088	17	¥18,496
11	2023/5/3	小米	¥1,699	42	¥71,358
12	2023/5/3	华为	¥1,799	24	¥43,176

图 6-48 "一分店"工作表中的数据

	A	B	C	D	E
1	手机店销售统计表				
2	日期	名称	单价	数量	销售额
3	2023/5/1	小米	¥1,699	45	¥76,455
4	2023/5/1	华为	¥1,799	25	¥44,975
5	2023/5/1	三星	¥2,455	25	¥61,375
6	2023/5/2	中兴	¥1,055	74	¥78,070
7	2023/5/2	三星	¥2,455	42	¥103,110
8	2023/5/2	酷派	¥1,088	17	¥18,496
9	2023/5/3	小米	¥1,699	42	¥71,358
10	2023/5/3	华为	¥1,799	24	¥43,176
11	2023/5/3	中兴	¥1,055	15	¥15,825
12	2023/5/3	三星	¥2,455	15	¥36,825
13	2023/5/3	酷派	¥1,088	47	¥51,136

图 6-49 "二分店"工作表中的数据

Step 02 单击"汇总"标签，切换到"汇总"工作表，选择单元格A1，在"数据"选项卡中，单击"数据工具"选项组的"合并计算"按钮，如图6-50所示。

图 6-50 单击"合并计算"按钮

Step 03 弹出"合并计算"对话框，将光标定位在"引用位置"文本框中，然后选择"一分店"工作表中的单元格区域B2:E12，如图6-51所示，单击"添加"按钮。

图 6-51 添加"一分店"数据

Step 04 使用同样的方法，添加"二分店"工作表中的单元格区域B2:E13，然后勾选"首行"和"最左列"复选框，如图6-52所示，单击"确定"按钮。

图 6-52 添加"二分店"数据

Step 05 此时系统将2个工作表快速合并到"汇总"工作表中，并对各项进行求和运算，选中"单价"列，按Delete键删除，最终效果如图6-53所示。

	A	B	C
1		数量	销售额
2	小米	129	¥219,171
3	华为	123	¥221,277
4	三星	149	¥365,795
5	中兴	217	¥228,935
6	酷派	91	¥99,008

图 6-53 按分类合并计算的结果

6.5 高效办公技能实战

6.5.1 实战1：让表中序号不参与排序

有些统计表中的第一列是序号，在对该表格进行数据排序时，如果不想表格中的序号列参与排序，可以采用如下方法对表格数据进行排序，具体的操作步骤如下。

Step 01 新建一个Excel文档，在其中输入一份员工工资统计表，如图6-54所示。

	A	B	C	D	E	F	G	H
1				员工工资统计表				
2	序号	姓名	部门	基本工资	岗位津贴	其他奖金	保险扣薪	实发工资
3	1	李志高	人事部	2500	1000	500	120	3880
4	2	李子奇	销售部	1690	900	1000	100	3490
5	3	乔英子	品质部	2680	1000	600	50	4230
6	4	董小玉	制造部	1610	900	200	100	2610
7	5	薛仁贵	制造部	2080	900	400	50	3330
8	6	张建华	财务部	2000	1000	500	100	3400
9	7	刘仁星	财务部	2000	1000	760	100	3660
10	8	李木子	销售部	1690	900	2560	120	5030
11	9	赵雪琴	人事部	2500	1000	600	120	3980

图6-54 员工工资统计表

Step 02 插入空白列。选中单元格B2，并右击，从弹出的下拉菜单中选择"插入"选项，打开"插入"对话框，然后在"插入"区域内选中"整列"单选按钮，如图6-55所示。

图6-55 "插入"对话框

Step 03 单击"确定"按钮，即可在A列和B列之间插入一列，如图6-56所示。

	A	B	C	D	E	F	G	H	I
1					员工工资统计表				
2	序号		姓名	部门	基本工资	岗位津贴	其他奖金	保险扣薪	实发工资
3	1		李志高	人事部	2500	1000	500	120	3880
4	2		李子奇	销售部	1690	900	1000	100	3490
5	3		乔英子	品质部	2680	1000	600	50	4230
6	4		董小玉	制造部	1610	900	200	100	2610
7	5		薛仁贵	制造部	2080	900	400	50	3330
8	6		张建华	财务部	2000	1000	500	100	3400
9	7		刘仁星	财务部	2000	1000	760	100	3660
10	8		李木子	销售部	1690	900	2560	120	5030
11	9		赵雪琴	人事部	2500	1000	600	120	3980

图6-56 插入空白列

Step 04 选中需要排序的数据区域，如这里选择E3:E11单元格，然后单击"数据"选项卡"排序和筛选"组中的"排序"按钮，弹出"排序提醒"对话框，在其中选中"以当前选定区域排序"单选按钮，如图6-57所示。

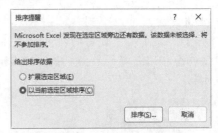

图6-57 "排序提醒"对话框

Step 05 单击"排序"按钮，打开"排序"对话框，设置排序的主要关键字为"基本工资"，排序依据为"单元格值"，次序为"降序"，如图6-58所示。

图6-58 "排序"对话框

Step 06 单击"确定"按钮，返回工作表中，即可对表中的基本工资列数据进行从高到低的顺序排序，此时可发现"序号"一列并未参与排序，如图6-59所示。

	A	B	C	D	E	F	G	H	I
1					员工工资统计表				
2	序号		姓名	部门	基本工资	岗位津贴	其他奖金	保险扣薪	实发工资
3	1		李志高	人事部	2680	1000	500	120	4060
4	2		李子奇	销售部	2500	900	1000	100	4300
5	3		乔英子	制造部	2500	1000	600	50	4050
6	4		董小玉	制造部	2080	900	200	100	3080
7	5		薛仁贵	制造部	2000	900	400	50	3250
8	6		张建华	财务部	2000	1000	500	100	3400
9	7		刘仁星	财务部	1690	1000	760	100	3350
10	8		李木子	销售部	1690	900	2560	120	5030
11	9		赵雪琴	人事部	1610	1000	600	120	3090

图6-59 排序结果

Step 07 排序之后，为了使表格看起来更加美观，可以将插入的空白列删除。选择B列，右击鼠标，在弹出的快捷菜单中选择"删除"选项，如图6-60所示。

图 6-60　选择"删除"选项

Step 08　删除空白列后的最终显示效果如图6-61所示。

	A	B	C	D	E	F	G	H
1	员工工资统计表							
2	序号	姓名	部门	基本工资	岗位津贴	其他奖金	保险扣薪	实发工资
3	1	李志高	人事部	2680	1000	500	120	4060
4	2	李子奇	销售部	2500	900	1000	100	4300
5	3	乔英子	品质部	2500	1000	600	50	4050
6	4	董小玉	制造部	2080	900	200	100	3080
7	5	薛仁贵	制造部	2000	900	400	50	3250
8	6	张建华	财务部	2000	1000	500	100	3400
9	7	刘仁星	财务部	1690	1000	760	100	3350
10	8	李木子	销售部	1690	1000	2560	120	5030
11	9	赵雪琴	人事部	1610	1000	600	120	3090

图 6-61　最终排序结果

6.5.2　实战2：通过数据透视表分析数据

数据透视表要求数据源的格式是矩形数据库，并且通常情况下，数据源中要包含用于描述数据的字段和要汇总的值或数据。下面利用电器销售表作为数据源生成数据透视表，显示出每种产品以及产品中包含的各品牌的年度总销售额，具体的操作步骤如下。

Step 01　新建一个Excel文档，在其中输入一份电器销售统计表，如图6-62所示。

	A	B	C	D	E	F	G
1	销售统计表						
2	产品	品牌	一季度	二季度	三季度	四季度	总销售额
3	冰箱	海尔	516	621	550	605	2292
4	冰箱	美的	520	635	621	602	2378
5	冰箱	容声	415	456	480	499	1850
6	空调	海尔	105	159	200	400	864
7	空调	美的	210	255	302	340	1107
8	空调	格力	68	152	253	241	714
9	洗衣机	海尔	678	789	750	742	2959
10	洗衣机	创维	721	725	735	712	2893
11	洗衣机	小天鹅	489	782	852	455	2578

图 6-62　电器销售统计表

Step 02　单击"插入"选项卡下"表格"选项组中的"数据透视表"按钮，弹出"来自表格或区域的数据透视表"对话框，将光标定位在"表/区域"右侧的文本框中，然后在工作表中选择单元格区域A2:G11作为数据源，在下方选中"新工作表"单选按钮，如图6-63所示，单击"确定"按钮。

图 6-63　"来自表格或区域的数据透视表"对话框

Step 03　此时将创建一个新工作表，工作表中包含一个空白的数据透视表，在右侧将出现"数据透视表字段"面板，如图6-64所示，并且在功能区中会出现"分析"和"设计"选项卡。

图 6-64　空白的数据透视表

🔊提示：在"来自表格或区域的数据透视表"对话框中，用户还可选择外部数据作为数据源。此外，既可以选择将数据透视表放置在新工作表中，也可放置在当前工作表中。

Step 04　添加字段。在"数据透视表字段"面板中，从"选择要添加到报表的字段"区域中选择"产品"字段，按住鼠标左键不放，将其拖动到下方的"行"列表框中，将"品牌"字段也拖动到"行"列表框中，然后将"总销售额"字段拖动到"∑值"列表框中，在左侧可以看到添加字段后的数据透视表，如图6-65所示。

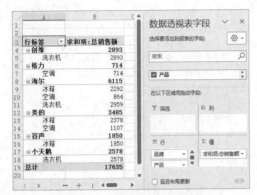

图 6-65　手动创建的数据透视表

另外，Excel 2021新引入了"推荐的数据透视表"功能，通过该功能，系统将快速扫描数据，并列出可供选择的数据透视表，用户只需选择其中一种，即可自动创建数据透视表，具体的操作步骤如下。

Step 01 在"插入"选项卡中，单击"表格"选项组的"推荐的数据透视表"按钮，弹出"推荐的数据透视表"对话框，在左侧列表框中选择需要的类型，在右侧可预览效果，如图6-66所示，然后单击"确定"按钮。

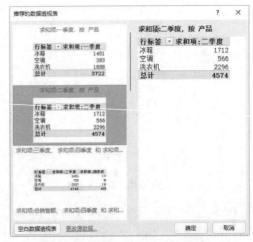

图 6-66　在左侧列表框中选择需要的类型

Step 02 此时系统将自动创建所选的数据透视表，如图6-67所示。

图 6-67　自动创建的数据透视表

90

第7章　使用PowerPoint制作幻灯片

PowerPoint 2021是Office 2021办公系列软件的一个重要组成部分，主要用于幻灯片制作，可以用来创建和编辑用于幻灯片播放、会议和网页的演示文稿，从而使会议或授课变得更加直观、丰富。本章介绍如何使用PowerPoint 2021制作幻灯片。

7.1　新建演示文稿

进行演示文稿制作前，需要掌握演示文稿的基本操作，如创建、保存、打开和关闭等。

7.1.1　创建空白演示文稿

创建空白演示文稿的方法有两种，一种是启动时创建，一种是通过"新建"界面进行创建，下面分别进行介绍。

1. 启动时创建空白演示文稿

Step 01 启动PowerPoint 2021，弹出如图7-1所示的PowerPoint启动界面。

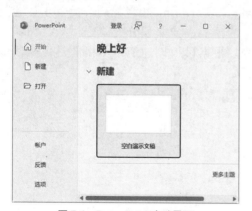

图7-1　PowerPoint启动界面

Step 02 单击"空白演示文稿"选项，即可创建一个空白演示文稿，如图7-2所示。

2. 通过新建界面创建空白演示文稿

Step 01 在PowerPoint 2021窗口中选择"文件"选项卡，如图7-3所示。

图7-2　空白演示文稿

图7-3　选择"文件"选项卡

Step 02 进入"文件"界面，在其中单击"新建"选项，进入"新建"界面，如图7-4所示，单击"空白演示文稿"选项，即可创建一个新的空白演示文稿。

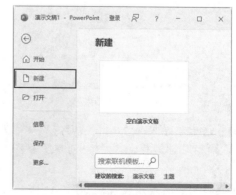

图7-4　"新建"界面

7.1.2　根据主题创建演示文稿

在PowerPoint 2021中提供了多个设计主题，用户可选择喜欢的主题来创建演示文稿，具体的操作步骤如下。

Step 01 在PowerPoint 2021窗口中选择"文件"选项卡，进入"新建"界面，然后在"建议的搜索"一栏里选择"教育"主题，如图7-5所示。

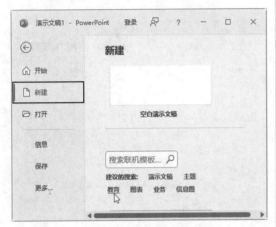

图7-5　选择模板主题

Step 02 从搜索出来的教育主题模板里选择其中一种，这里选择"学校儿童教育演示文稿、相册"主题，如图7-6所示。

图7-6　搜索结果

Step 03 弹出"学校儿童教育演示文稿、相册（宽屏）"对话框，单击"创建"按钮，如图7-7所示。

Step 04 应用后的主题效果，如图7-8所示。

图7-7　单击"创建"按钮

图7-8　使用主题类型创建演示文稿

7.1.3　根据模板创建演示文稿

PowerPoint 2021为用户提供了多种类型的模板，如"积分""平板""环保"等，根据模板创建演示文稿的具体操作步骤如下。

Step 01 在PowerPoint 2021窗口中选择"文件"选项卡，单击"新建"选项，在"新建"界面中选择一种模板，这里选择"环保"，如图7-9所示。

图7-9　选择模板

Step 02 弹出"环保"对话框，单击"创建"按钮，如图7-10所示。

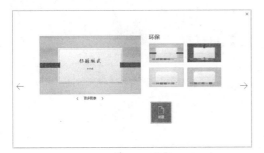

图7-10 单击"创建"按钮

Step 03 即可创建出应用所选模板的演示文稿，效果如图7-11所示。

图7-11 根据模板创建演示文稿

7.2 幻灯片的基本操作

在PowerPoint 2021中，一个PowerPoint文件可称为一个演示文稿，一个演示文稿由多张幻灯片组成，每张幻灯片都可以进行基本操作，包括插入、删除、复制、隐藏等。

7.2.1 添加幻灯片

在演示文稿中添加幻灯片的常见方法有以下两种。

第一种方法是单击"开始"选项卡下"幻灯片"选项组中的"新建幻灯片"按钮，在弹出的列表中选择幻灯片的类型，如这里选择"标题幻灯片"选项，则新建的标题幻灯片显示在左侧的"幻灯片"窗格中，如图7-12所示。

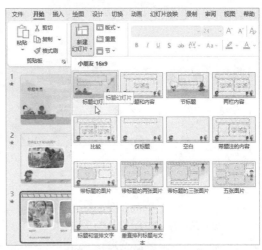

图7-12 "新建幻灯片"列表框

第二种方法是在"幻灯片"窗格中单击鼠标右键，在弹出的快捷菜单中选择"新建幻灯片"选项，即可快速新建幻灯片，如图7-13所示。

图7-13 选择"新建幻灯片"选项

7.2.2 选择幻灯片

不仅可以选择单张幻灯片，还可以选择连续或不连续的多张幻灯片。在演示文稿中，单击需要选定的幻灯片即可选择该幻灯片。

选择多张幻灯片可分为选择多张连续的幻灯片和选择多张不连续的幻灯片两种情况。要选择多张连续的幻灯片，可以在按下Shift键的同时，单击需要选定多张幻

93

灯片的第一张和最后一张幻灯片，如图7-14所示。

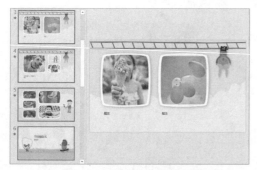

图 7-14 选择多张连续幻灯片

要选择多张不连续的幻灯片，则需先按下Ctrl键，再分别单击需要选定的幻灯片，如图7-15所示。

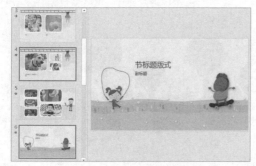

图 7-15 选择多张不连续幻灯片

7.2.3 移动幻灯片

用户可以通过移动幻灯片的方法改变幻灯片的位置，单击需要移动的幻灯片并按住鼠标左键，拖动幻灯片至目标位置，如图7-16所示，松开鼠标左键即可，如图7-17所示。此外，通过剪切并粘贴的方式也可以移动幻灯片。

图 7-16 选择需要移动的幻灯片

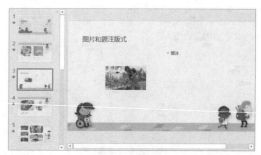

图 7-17 移动幻灯片

7.2.4 复制幻灯片

在制作演示文稿的过程中，一个相同版本的幻灯片需要添加不同的图片和文字时，可通过复制幻灯片的方式复制相同的幻灯片。用户可以通过以下两种方法复制幻灯片。

方法1：选中幻灯片，单击"开始"选项卡下"剪贴板"选项组中"复制"按钮后的下拉按钮，在弹出的下拉列表中单击"复制"选项，即可复制所选幻灯片，如图7-18所示。

图 7-18 单击"复制"选项

方法2：在目标幻灯片上单击鼠标右键，在弹出的快捷菜单中单击"复制"选项，即可复制幻灯片，如图7-19所示。

图 7-19 快捷菜单

7.2.5 删除幻灯片

在创建演示文稿的过程中常常需要删

除一些不需要的幻灯片，具体的删除方法为：在"幻灯片"窗格中选择要删除的幻灯片，按Delete键即可快速删除选择的幻灯片。也可以选择要删除的幻灯片并单击鼠标右键，在弹出的快捷菜单中单击"删除幻灯片"选项。

7.3　添加与编辑文本内容

在幻灯片中添加与编辑文本内容是制作幻灯片的基础，添加的内容包括文本、符号等。

7.3.1　添加文本

在普通视图中，幻灯片会出现"单击此处添加标题"或"单击此处添加副标题"等提示文本框，这种文本框统称为"文本占位符"，如图7-20所示。

图 7-20　文本占位符

在文本占位符中输入文本是最基本、最方便的一种输入方式。在文本占位符上单击即可输入文本。同时，输入的文本会自动替换文本占位符中的提示性文字，如图7-21所示。

图 7-21　输入文字

除了在幻灯片内的占位符中输入文本外，还可以在幻灯片内的任何位置自建一个文本框输入文本，在插入和设置好文本框后即可输入文本内容，具体的操作步骤如下。

Step 01 单击"插入"选项卡下"文本"选项组中的"文本框"按钮，在弹出的下拉列表中选择"绘制横排文本框"选项，如图7-22所示。

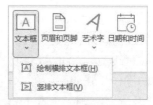

图 7-22　选择"绘制横排文本框"选项

Step 02 在幻灯片内单击鼠标左键，即可出现创建好的文本框，可根据需求按住鼠标左键并拖动鼠标指针来改变文本框的位置及大小，如图7-23所示。

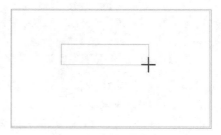

图 7-23　绘制横排文本框

Step 03 单击文本框即可输入文本，如这里输入"幻灯片操作"，如图7-24所示。

图 7-24　输入文字

提示：如果需要在幻灯片中添加竖排文字，则需要插入"竖排文本框"，然后在该文本框中输入文字，如这里输入"幻灯片操作"，如图7-25所示。

图 7-25　绘制竖排文本框

7.3.2　添加符号

有时需要在文本框里添加一些特定的符号来辅助内容，这时可以使用 PowerPoint 2021自带的符号功能进行添加，具体的操作步骤如下。

Step 01 选中文本框，将光标定位在文本内容第一行的开头处，然后单击"插入"选项卡下"符号"选项组中的"符号"按钮，如图7-26所示。

图 7-26　单击"符号"按钮

Step 02 弹出"符号"对话框，在"字体"下拉列表中选择需要的字体，如这里选择"Windings"选项，然后选择需要使用的字符，如图7-27所示。

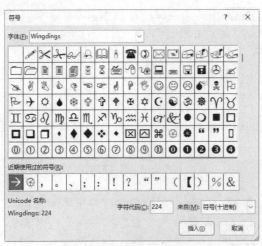

图 7-27　"符号"对话框

Step 03 单击"插入"按钮，插入完成后再单击"确定"按钮，退出"符号"对话框，此时文本框内出现插入的新符号，如图7-28所示。

图 7-28　插入符号

Step 04 依照上述步骤，分别在文本框的第二行和第三行开头插入相同的符号，完成后的效果如图7-29所示。

图 7-29　插入其他行的符号

7.3.3　使用艺术字

在PowerPoint 2021中可以使用艺术字美化幻灯片，还可以将现有文本设置为艺术字样式，具体的操作步骤如下。

Step 01 新建演示文稿，删除文本占位符，单击"插入"选项卡下"文本"选项组中的"艺术字"按钮，在弹出的下拉列表中选择一种艺术字样式，如图7-30所示。

Step 02 即可在幻灯片页面中插入"请在此放置您的文字"艺术字文本框，如图7-31所示。

Step 03 删除文本框中的文字，输入要设置艺术字的文本，在空白位置处单击就完成了艺术字的插入，如图7-32所示。

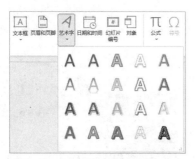

图 7-30 选择艺术字样式

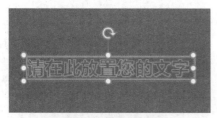

图 7-31 插入艺术字文本框

图 7-32 输入艺术字

Step 04 选择插入的艺术字，将会显示"形状格式"选项卡，在"形状样式"和"艺术字样式"选项组中可以设置艺术字的样式，如图7-33所示。

图 7-33 "形状格式"选项卡

7.3.4 设置字体格式

输入文本后可按需求对文字进行格式设置，在"开始"选项卡的"字体"选项组中可以设置文字的字体、大小和颜色等，具体的操作步骤如下。

Step 01 选中文本，单击"开始"选项卡下"字体"选项组右下角的 ，弹出"字体"对话框，在其中可以根据需要对字体

类型、字体样式与字体大小进行设置，如图7-43所示。

单击"中文字体的"右侧的下拉按钮，从弹出的列表中选择需要用到的字体类型，如这里选择"微软雅黑"类型，如图7-34所示。

图 7-34 "字体"对话框

Step 02 单击"确定"按钮，应用后的字体效果如图7-35所示。

图 7-35 设置字体样式

Step 03 选择"字体间距"选项卡，在"间距"下拉列表中选择"加宽"选项，设置度量值为"10磅"，如图7-36所示。

图 7-36 设置字符间距

Step 04 单击"确定"按钮，字体间距为"加宽，10磅"的效果如图7-37所示。

图 7-37　显示效果

7.3.5　设置字体颜色

PowerPoint 2021中的字体默认为黑色，如果需要突出幻灯片中某一部分重要的内容时，可以设置显眼的字体颜色来强调此内容。设置字体颜色的具体操作步骤如下。

Step 01 选中需要设置的字体，此时弹出"字体设置"快捷栏，在该快捷栏中选择"字体颜色"按钮，如图7-38所示。或单击"开始"选项卡下"字体"选项组中的"字体颜色"按钮，如图7-39所示。

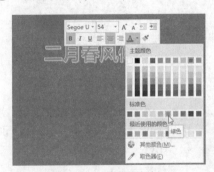

图 7-38　字体设置快捷栏

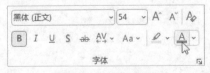

图 7-39　"字体"选项组

Step 02 打开"字体颜色"下拉列表，在其中的"主题颜色"和"标准色"选项中选择一种颜色进行设置，如这里在"标准色"选项中选择"绿色"，如图7-40所示。

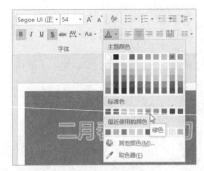

图 7-40　选择字体颜色

Step 03 也可在"字体颜色"下拉列表中选择"其他颜色"选项，弹出"颜色"对话框，选择"标准"选项卡，选择其中一种颜色，如图7-41所示，然后单击"确定"按钮即可。

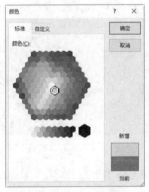

图 7-41　"颜色"对话框

7.3.6　设置段落格式

段落格式包括对齐方式、缩进及间距与行距等，对段落的设置主要是通过"开始"选项卡下"段落"选项组中的各命令按钮来进行的，如图7-42所示。

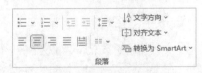

图 7-42　"段落"选项组

除了使用"段落"选项组中的命令设置段落格式外，还可以在"段落"对话框中设置段落格式，具体的操作步骤如下。

Step 01 选中幻灯片中需要设置对齐方式的段

落，单击"开始"选项卡下"段落"选项组中的"段落"按钮，弹出"段落"对话框，在其中设置段落对齐方式、缩进方式等，如图7-43所示。

图 7-43　"段落"对话框

Step 02 单击"确定"按钮，设置后的效果如图7-44所示。

图 7-44　段落悬挂缩进显示

Step 03 在幻灯片上需要添加项目符号或编号的文本占位符或表中选中文本，单击"开始"选项卡下"段落"选项组中的"项目符号"按钮，打开其下拉列表，从中选择一种项目符号样式，如图7-45所示。

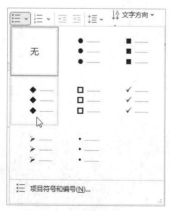

图 7-45　选择项目符号类型

Step 04 应用后的效果如图7-46所示。

图 7-46　添加项目符号效果

Step 05 单击"开始"选项卡下"段落"选项组中的"编号"按钮，打开其下拉列表，从中选择一种编号样式，如图7-47所示。

图 7-47　选择段落编号样式

Step 06 选择后将应用到文本中，显示效果如图7-48所示。

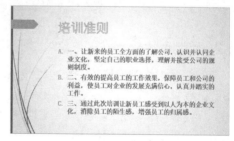

图 7-48　添加段落编号效果

7.4　添加图片与形状

在PowerPoint 2021中，用户可在幻灯片中添加图片与形状，使整个演示文稿达到图文并茂的效果。

7.4.1 插入图片

在PowerPoint 2021中常用的图片格式有jpg、bmp、png、gif等，插入图片的具体操作步骤如下。

Step 01 新建一个空白演示文稿，在"插入"选项卡中，单击"图像"选项组的"图片"按钮，在弹出的下拉列表中选择"此设备"选项，弹出"插入图片"对话框，找到图片在计算机中的保存位置，选中该图片，如图7-49所示。

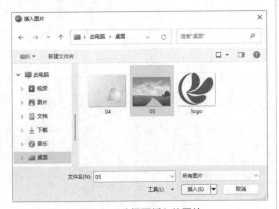

图 7-49 选择要插入的图片

7.4.2 绘制形状

在幻灯片中绘制的形状主要包括线条、矩形、箭头总汇、公式形状、流程图、星与旗帜、标注和动作按钮等类型。在幻灯片中绘制形状的具体操作步骤如下。

Step 01 选择要绘制形状的幻灯片，在"开始"选项卡中，单击"绘图"选项组中的"其他"按钮，在弹出的下拉列表中选择形状类型，例如这里选择"基本形状"区域中的"闪电形"选项，如图7-52所示。

Step 02 此时光标变为+形状，在幻灯片中按住鼠标左键不放，拖动鼠标绘制形状，如图7-53所示。

Step 02 单击"插入"按钮，即可在幻灯片中插入一张图片，如图7-50所示。

图 7-50 在幻灯片中插入一张图片

插入图片后，还可以为图片设置样式，例如为图片添加阴影或发光效果，更改图片的亮度、对比度或模糊度等。选中要设置样式的图片后，在"图片格式"选项卡中，通过"图片样式"选项组与"调整"选项组中的各命令按钮即可设置图片样式，如图7-51所示。

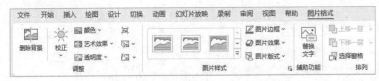

图 7-51 "图片格式"选项

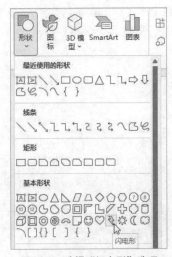

图 7-52 选择"闪电形"选项

图 7-53　拖动鼠标绘制形状

用户可以根据需要设置形状的样式，包括设置形状的颜色、填充颜色轮廓以及形状的效果等。选择要设置样式的形状，在"形状格式"选项卡中，通过"形状样式"选项组中的各命令按钮即可设置形状样式，如图7-54所示。

图 7-54　"形状样式"选项组

7.4.3　在形状中添加文字

除了在文本框中可以添加文字外，用户还可在形状中添加文字，具体的操作步骤如下。

Step 01 在空白幻灯片中插入3个矩形和2个右箭头形状，如图7-55所示。

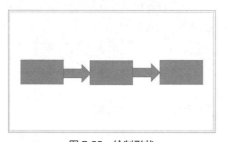

图 7-55　绘制形状

Step 02 选中形状，在"形状格式"选项卡的"形状样式"选项组中，设置形状的样式，如图7-56所示。

Step 03 单击选中左侧的矩形，直接输入文字，例如这里输入"接受客户投诉"，然后在"开始"选项卡的"字体"选项组

中，设置其字体和字号，如图7-57所示。

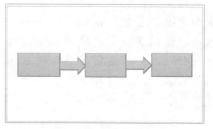

图 7-56　设置形状的样式

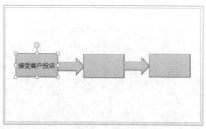

图 7-57　设置文字的字体和字号

Step 04 重复步骤3，在另外2个矩形中输入文字，并设置格式，如图7-58所示。

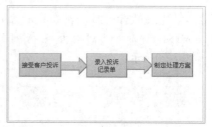

图 7-58　在另外 2 个矩形中输入文字并设置格式

7.5　插入并编辑表格

表格是展示大量数据的有效工具之一，使用表格工具可归纳和汇总数据，从而使数据更加清晰和美观。

7.5.1　创建表格并输入文字

在PowerPoint 2021中有多种方法创建表格，包括直接插入表格、手动绘制表格、从Word中复制和粘贴表格、创建Excel电子表格等。下面介绍常用的创建表格的方法，具体的操作步骤如下。

Step 01 新建一个空白演示文稿，将占位符删除，然后单击"插入"选项卡下"表格"选项组中的"表格"按钮，在弹出的下拉列表的"绘制表格"区域中拖动鼠标选择表格的行列，此时该区域顶部将显示出选择的行列数，在幻灯片中则会显示出表格的预览图像，如图7-59所示。

图 7-59 拖动鼠标选择表格的行列

Step 02 选择需要的行列后，单击鼠标左键，即可在幻灯片中快速插入指定行列的表格，如图7-60所示。

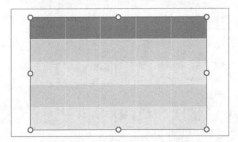

图 7-60 快速插入指定行列的表格

提示：该方法最多只能插入8行和10列的表格。

Step 03 插入表格后，可以向单元格中添加文字以丰富表格。单击第一行的第一个单元格，即将光标定位在该单元格中，输入文字"姓名"，如图7-61所示。

Step 04 使用步骤3的方法，将光标定位在其他单元格中，分别输入相应的文字，即成功制作一个成绩表，如图7-62所示。

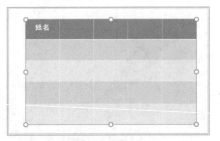

图 7-61 输入文字

姓名	语文	数学	英语	总分
张林	90	89	97	276
吴妍	89	95	85	269
李广	82	94	87	263
夏天	79	84	92	255

图 7-62 在其他单元格中输入文字

如果想要插入任意行列数的表格，可以通过"插入表格"对话框来操作，具体方法为：在"表格"下拉列表中选择"插入表格"选项，弹出"插入表格"对话框，在"行数"和"列数"文本框中分别输入行数和列数的精确数值，如图7-63所示，单击"确定"按钮，即可插入指定行列的表格。

图 7-63 "插入表格"对话框

7.5.2 设置表格的边框

表格创建完成后，可以为其设置边框，从而突出显示表格的内容，具体的操作步骤如下。

Step 01 将光标定位在表格的边框上，选中整个表格，然后单击"表设计"选项卡下"表格样式"选项组中"边框"右侧的下拉按钮，在弹出的下拉列表中选择某一选项，即可为表格添加对应的边框，例如选择"所有框线"选项，如图7-64所示。

图 7-64　选择"所有框线"选项

Step 02 即可为表格添加所有的边框线，如图7-65所示。

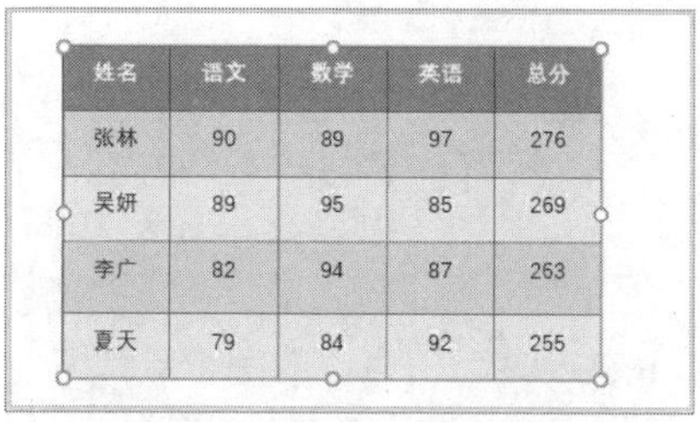

图 7-65　为表格添加所有的边框线

Step 03 设置边框的样式、粗细及颜色。单击表格中任意单元格，然后单击"表设计"选项卡下"绘图边框"选项组中"笔样式"右侧的下拉按钮，在弹出的下拉列表中选择需要的样式，如图7-66所示。

图 7-66　选择笔样式

Step 04 在"笔画粗细"下拉列表中选择粗细，在"笔颜色"下拉列表中选择需要的颜色，如图7-67所示。

Step 05 此时光标变为笔的形状，按住鼠标左键不放，在左边框的右侧从上到下拖动鼠标，如图7-68所示。

Step 06 即可在左边框上重新绘制一条边框线，使用同样的方法，为其他边框绘制边框线，如图7-69所示。

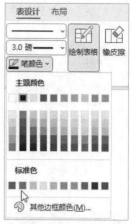

图 7-67　选择边框的颜色

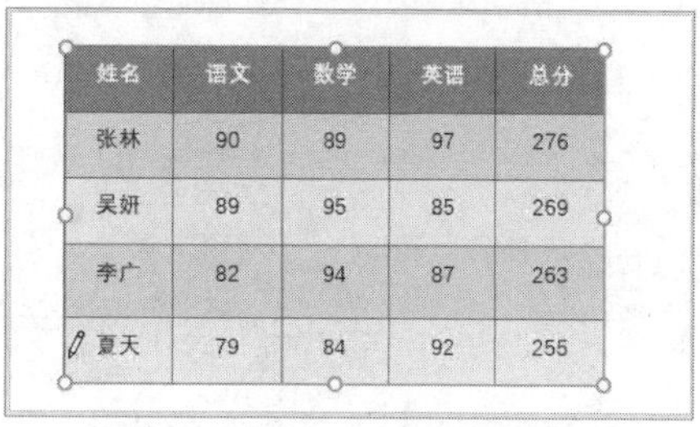

图 7-68　在左边框的右侧从上到下拖动鼠标

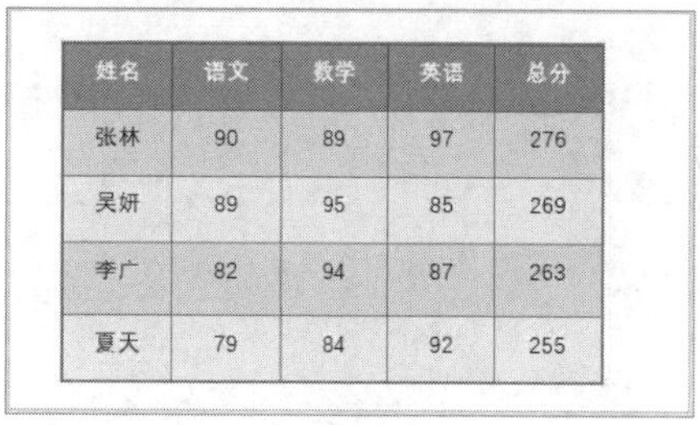

图 7-69　为表格绘制边框线

7.5.3　设置表格的样式

创建表格及输入文字内容后，往往还需要根据实际情况来设置表格的样式，具体的操作步骤如下。

Step 01 将光标定位在表格的边框上，单击选中整个表格，然后勾选"表设计"选项卡下"表格样式选项"选项组中的"第一列"复选框，如图7-70所示，此时系统将自动设置第一列的样式。

Step 02 单击"表设计"选项卡下"表格样式"选项组中的"其他"按钮，在弹出的下拉列表中选择合适的表格样式，如图7-71所示。

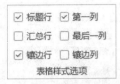

图 7-70　勾选"第一列"复选框

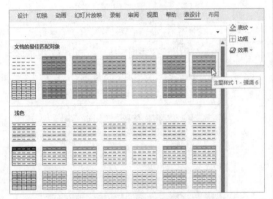

图 7-71　选择表格样式

Step 03 即可将表格设置为相应的样式，如图7-72所示。

图 7-72　将表格设置为相应的样式

Step 04 设置表格的底纹。在"设计"选项卡中，单击"表格样式"选项组中"底纹"右侧的下拉按钮，在弹出的下拉列表中即可选择底纹的类型，例如这里选择"渐变"选项，然后在右侧弹出的子列表中选择渐变的类型，如图7-73所示。

Step 05 即可为表格设置渐变色作为底纹，如图7-74所示。

Step 06 设置表格的效果。在"设计"选项卡中，单击"表格样式"选项组中"效果"右侧的下拉按钮，在弹出的下拉列表中即可选择效果的类型，例如这里选择"单元

格凹凸效果"选项，然后在右侧弹出的子列表中选择具体的效果，如图7-75所示。

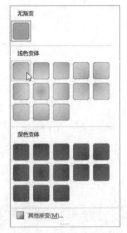

图 7-73　选择底纹的类型

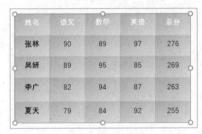

图 7-74　为表格设置渐变色作为底纹

图 7-75　选择效果的类型

Step 07 即可为表格设置相应的效果，如图7-76所示。

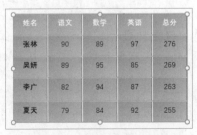

图 7-76　为表格设置相应的效果

7.6　插入并编辑图表

形象直观的图表与文字数据更容易让人理解，插入幻灯片的图表可以使演示文稿的演示效果更加清晰明了。

7.6.1　插入图表

在PowerPoint 2021中插入的图表有各种类型，包括柱形图、折线图、饼图、条形图、面积图等。下面以插入柱形图为例，介绍插入图表的操作步骤。

Step 01 新建一个"标题和内容"幻灯片，在"插入"选项卡中，单击"插图"选项组中的"图表"按钮，或者直接单击幻灯片编辑窗口中的"插入图表"按钮▥，如图7-77所示。

图7-77　单击"图表"按钮

Step 02 弹出"插入图表"对话框，在其中选择要使用的图表类型，然后单击"确定"按钮，如图7-78所示。

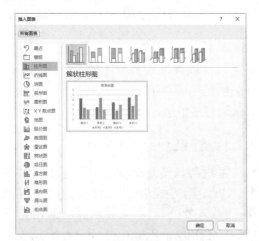

图7-78　选择要使用的图表类型

Step 03 此时系统会自动弹出Excel 2021软件的工作界面，在其中输入用来构建图表的数据，如图7-79所示，然后单击右上角的"关闭"按钮，关闭Excel电子表格。

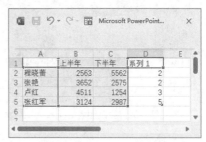

图7-79　在Excel中输入数据

Step 04 自动返回PowerPoint工作界面，即可成功插入一个图表，如图7-80所示。

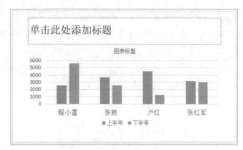

图7-80　成功插入一个图表

7.6.2　更改图表的样式

插入图表后，还可根据需要设置图表的样式，使其更加美观，具体的操作步骤如下。

Step 01 选择要更改样式的图表，在"图表设计"选项卡中，单击"图表样式"选项组中的"其他"按钮▾，在弹出的下拉列表中选择合适的样式，如图7-81所示。

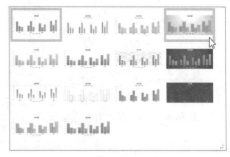

图7-81　选择图表样式

Step 02 即可更改图表的样式，如图7-82所示。

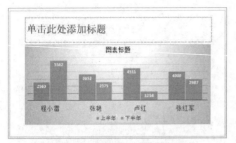

图 7-82　更改图表的样式

7.6.3　更改图表类型

PowerPoint 2021允许用户更改图表的类型，具体的操作步骤如下。

Step 01 选择要更改类型的图表，在"图表设计"选项卡中，单击"类型"选项组中的"更改图表类型"按钮，如图7-83所示。

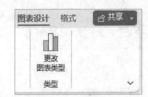

图 7-83　单击"更改图表类型"按钮

💡提示：选择图表后，单击鼠标右键，在弹出的快捷菜单中选择"更改图表类型"选项，也可完成更改图表类型的操作，如图7-84所示。

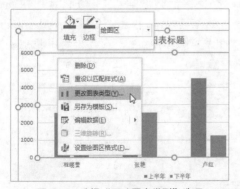

图 7-84　选择"更改图表类型"选项

Step 02 弹出"更改图表类型"对话框，在其中选择其他类型的图表样式，然后单击

"确定"按钮，如图7-85所示。

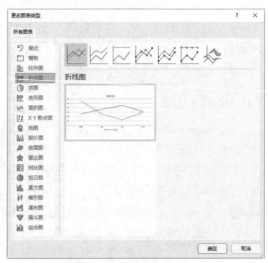

图 7-85　"更改图表类型"对话框

Step 03 即可更改图表的类型，如图7-86所示。

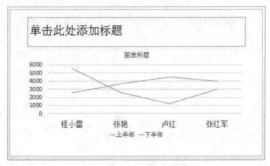

图 7-86　更改图表的类型

7.7　插入并编辑SmartArt图形

SmartArt图形是信息与观点的视觉表示形式，可以通过从多种不同布局中进行选择来创建SmartArt图形，从而快速、轻松和有效地传达信息。

7.7.1　创建SmartArt图形

组织结构图是SmartArt图形的一种类型，该图形方式表示组织结构的管理结构，如某个公司内的一个管理部门与子部门。在PowerPoint 2021中，通过使用

SmartArt图形，可以创建组织结构图，具体的操作步骤如下。

Step 01 打开PowerPoint 2021，新建一张幻灯片，将版式设置为"标题与内容"版式，然后在幻灯片中单击"插入SmartArt图形"按钮，如图7-87所示。

图7-87 单击"插入 SmartArt 图形"按钮

Step 02 弹出"选择SmartArt图形"对话框，选择"层次结构"区域中的"组织结构图"选项，如图7-88所示，然后单击"确定"按钮。

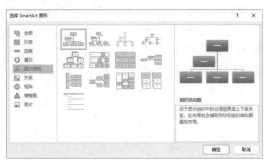

图7-88 "选择 SmartArt 图形"对话框

Step 03 即可在幻灯片中创建组织结构图，如图7-89所示。

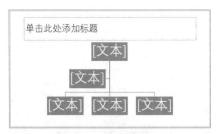

图7-89 创建组织结构图

Step 04 在文本框内单击鼠标左键，直接输入文本内容，如图7-90所示。

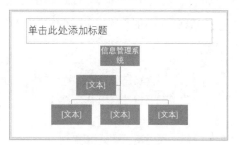

图7-90 输入文字

7.7.2 添加与删除形状

在幻灯片内创建完SmartArt图形后，可以在现有的图形中添加或删除图形，具体的操作步骤如下。

Step 01 单击幻灯片中创建好的SmartArt图形，并单击距离添加新形状位置最近的现有形状，如图7-91所示。

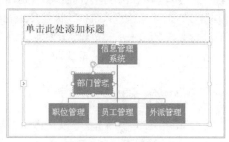

图7-91 选择图形

Step 02 单击"SmartArt设计"选项卡下"创建图形"选项组中的"添加形状"选项，然后打开其下拉列表，选择"在后面添加形状"选项，如图7-92所示。

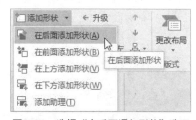

图7-92 选择"在后面添加形状"选项

Step 03 即可在所选形状的后面添加一个新的形状，且该形状处于选中的状态，如图7-93所示。

Step 04 在添加的形状内输入文本，效果如图7-94所示。

图 7-93　添加新形状

图 7-94　输入文字

提示：如需要在SmartArt图形中删除一个形状，单击选中要删除的形状按Delete键即可。如果要删除整个SmartArt图形，单击选中SmartArt图形后按Delete键即可。

7.7.3　更改形状的样式

插入SmartArt图形后，可以更改其中一个或多个形状的颜色和轮廓等样式，具体的操作步骤如下。

Step 01 单击选中SmartArt图形中的一个形状，选中"信息管理"形状，单击"格式"选项卡下"形状样式"选项组右侧的"其他"按钮▽，从弹出的菜单中选择"细微效果-橙色，强调颜色2"选项，如图7-95所示。

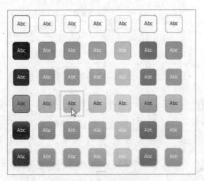

图 7-95　设置形状样式

Step 02 应用后的效果如图7-96所示。

图 7-96　最终的显示效果

提示：通过单击"形状样式"选项组中的"形状填充"和"形状轮廓"按钮，可以更改形状的填充效果、形状的轮廓效果；通过单击"形状效果"按钮，可以为形状添加映像、发光、阴影等效果。

7.7.4　更改SmartArt图形的布局

创建好SmartArt图形后，可以根据需要改变SmartArt图形的布局方式，具体的操作步骤如下。

Step 01 选中幻灯片中的SmartArt图形，单击"SmartArt设计"选项卡下"版式"选项组中的"其他"按钮▽，从打开的下拉列表中选择"层次结构"选项，如图7-97所示。

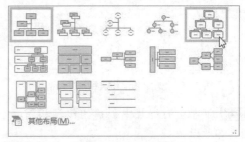

图 7-97　选择布局样式

Step 02 应用后的布局效果如图7-98所示。

图 7-98　应用布局后的效果

Step 03 也可以选择"版式"选项组中"其他"选项子菜单中的"其他布局"选项，弹出"选择SmartArt图形"对话框，从中选择"关系"区域内的"基本射线图"选项，如图7-99所示。

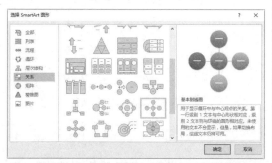

图 7-99　"选择 Smart Art 图形"对话框

Step 04 单击"确定"按钮，最终的效果如图7-100所示。

图 7-100　最终的显示效果

7.7.5　更改SmartArt图形的样式

除了更改部分形状的样式外，还可以更改整个SmartArt图形的样式，具体的操作步骤如下。

Step 01 选中幻灯片中的SmartArt图形，单击"SmartArt设计"选项卡下"SmartArt样式"选项组中的"更改颜色"按钮，从弹出菜单中选择"彩色"区域内的"彩色-着色"选项，如图7-101所示。

Step 02 更改颜色样式的效果如图7-102所示。

Step 03 单击"SmartArt设计"选项卡下"SmartArt样式"选项组中"快速样式"区域内右侧的"其他"按钮，从弹出的菜单中选择"优雅"选项，如图7-103所示。

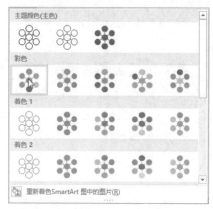

图 7-101　选择颜色样式

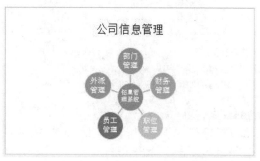

图 7-102　应用颜色样式后的效果

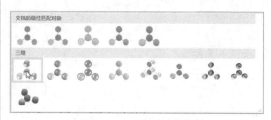

图 7-103　选择快速样式

Step 04 应用后的效果如图7-104所示。

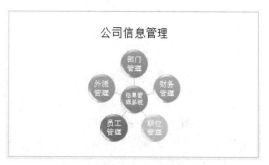

图 7-104　应用快速样式

7.8 高效办公技能实战

7.8.1 实战1：添加图片项目符号

在PowerPoint中除了直接为文本添加项目符号外，还可以导入图片作为项目符号，具体的操作步骤如下。

Step 01 选中要添加项目符号的文本，如图7-105所示。

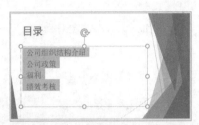

图 7-105　选中要添加项目符号的文本

Step 02 在"开始"选项卡中，单击"段落"选项组中"项目符号"右侧的下拉按钮，在弹出的下拉列表中选择"项目符号和编号"选项，如图7-106所示。

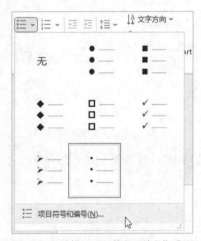

图 7-106　选择"项目符号和编号"选项

Step 03 弹出"项目符号和编号"对话框，在其中单击"图片"按钮，如图7-107所示。

Step 04 进入"插入图片"窗口，在其中选择"来自文件"选项，如图7-108所示。

Step 05 弹出"插入图片"对话框，在计算机中选择要插入的图片，如图7-109所示，并单击"插入"按钮。

图 7-107　单击"图片"按钮

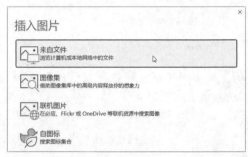

图 7-108　选择"来自文件"选项

图 7-109　选择要插入的图片

Step 06 即可将本地计算机中的图片制作成项目符号添加到文本中，如图7-110所示。

图 7-110　将图片制作成项目符号添加到文本中

7.8.2 实战2：创建电子相册幻灯片

随着数码相机的不断普及，利用电脑制作电子相册的人越来越多。在PowerPoint 2021中，用户可轻松创建电子相册，具体的操作步骤如下。

Step 01 启动PowerPoint 2021，新建一个空白演示文稿，将其保存为"电子相册.pptx"，在"插入"选项卡中，单击"图像"选项组中的"相册"按钮，在弹出的列表中选择"新建相册"选项，如图7-111所示。

图 7-111 选择"新建相册"选项

Step 02 弹出"相册"对话框，在其中单击"文件/磁盘"按钮，如图7-112所示。

图 7-112 "相册"对话框

Step 03 弹出"插入新图片"对话框，在计算机中选择要插入的图片，如图7-113所示，单击"插入"按钮。

Step 04 返回"相册"对话框，在"相册中的图片"列表框中即可查看所选的图片，勾选图片"90"前面的复选框，然后单击"向下"按钮↓，即可调整该图片在相册中的位置，如图7-114所示。

图 7-113 选择要插入的图片

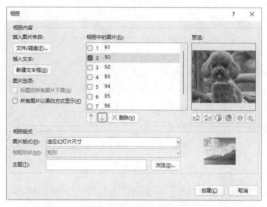

图 7-114 调整图片位置

Step 05 单击"图片版式"右侧的下拉按钮，在弹出的下拉列表中选择"1张图片"选项，如图7-115所示。

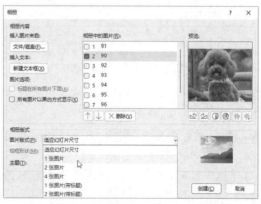

图 7-115 选择"1张图片"选项

Step 06 单击"相框形状"右侧的下拉按钮，在弹出的下拉列表中选择"圆角矩形"选项，如图7-116所示。

🔊提示：选中图片后，单击"向上"按钮
↑或"删除"按钮，可上移或删除图片。

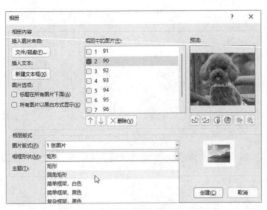

图 7-116　选择"圆角矩形"选项

Step 07 单击"主题"右侧的"浏览"按钮，
弹出"选择主题"对话框，在其中选择演
示文稿使用的主题，如图7-117所示，并单
击"打开"按钮。

图 7-117　选择演示文稿使用的主题

Step 08 返回"相册"对话框，单击"创建"
按钮，如图7-118所示。

Step 09 即可自动创建一个电子相册的演示文
稿，该演示文稿使用了所选的主题，每张
幻灯片中只有1张图片，并且图片的形状为
圆角矩形，如图7-119所示。

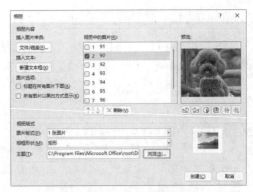

图 7-118　单击"创建"按钮

图 7-119　创建一个电子相册的演示文稿

Step 10 在"视图"选项卡中，单击"演示
文稿视图"选项组中的"幻灯片浏览"按
钮，可查看每张幻灯片的缩略图，如图
7-120所示。

图 7-120　幻灯片浏览视图

第8章 制作有声有色的幻灯片

在幻灯片中添加适当的音频、视频和动画效果，有利于让观众理解并增加幻灯片的感染力。本章为读者介绍在PowerPoint 2021中添加音频、视频以及创建动画元素的方法。

8.1 在PPT中添加音频

在幻灯片中可以插入音频文件，通过音频的搭配使用，可使幻灯片的内容更加丰富多彩。

8.1.1 添加音频

在PPT中添加的音频来源有多种，可以是直接联机搜索出来的声音，或是本地计算机中的音频文件，还可以是用户自己录制的声音。下面以添加本地计算机上的音频文件为例，介绍如何添加音频文件，具体的操作步骤如下。

Step 01 新建演示文稿，在幻灯片中添加图片，如图8-1所示。

图8-1 新建演示文稿

Step 02 在"插入"选项卡中，单击"媒体"选项组中的"音频"按钮，在弹出的下拉列表中选择"PC上的音频"选项，如图8-2所示。

图8-2 选择"PC上的音频"选项

Step 03 弹出"插入音频"对话框，在计算机中选择要添加的声音文件，如图8-3所示，单击"插入"按钮。

图8-3 选择要添加的声音文件

Step 04 即可将本地计算机中的声音文件添加到当前幻灯片中，此时幻灯片中有一个喇叭图标 ，如图8-4所示。

图8-4 将声音文件添加到当前幻灯片中

8.1.2 播放音频

在幻灯片中插入音频文件后，可以播放该音频文件以试听效果。播放音频的方法有以下两种。

（1）单击选中音频文件，或者直接将光标定位在音频文件上，其下方会显示出一个播放条，单击其中的"播放/暂停"按钮▶，即可播放文件，如图8-5所示。

图 8-5　在播放条中单击"播放／暂停"按钮

🔊提示：在播放条中，单击"向前/向后移动"按钮◀▮ ▮▶可以调整播放的速度，单击🔊按钮可以调整声音的大小。

（2）单击选中音频文件，此时功能区中增加了"播放"选项卡，在其中单击"预览"选项组中的"播放"按钮，即可播放文件，如图8-6所示。

图 8-6　"预览"选项组中的"播放"按钮

8.1.3 设置播放选项

在幻灯片中插入音频文件后，可以设置播放选项，包括设置音量大小、播放开始时间、是否跨幻灯片播放等内容。选中音频文件，在"播放"选项卡中，通过

"音频选项"选项组中的各命令按钮即可设置播放选项，如图8-7所示。

图 8-7　"音频选项"选项组

各按钮的作用分别如下。

- 音量：用于设置音频的音量大小。单击"音量"按钮，在弹出的下拉列表中即可根据需要选择音量大小，如图8-8所示。

图 8-8　选择音量的大小

- 开始：用于设置音频开始播放的时间。单击"开始"右侧的下拉按钮，在弹出的下拉列表中若选择"单击时"选项，表示只有在单击音频图标时开始播放声音；若选择"自动"选项，表示在放映幻灯片时会自动播放声音，如图8-9所示。

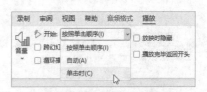

图 8-9　设置音频开始播放的时间

- 跨幻灯片播放：若勾选该复选框，当演示文稿中包含多张幻灯片时，声音会一直播放，直到播放完成，不会因切换幻灯片而中断。
- 循环播放，直到停止：若勾选该复选框，在放映幻灯片时声音将一直重复播放，直到退出当前幻灯片。
- 放映时隐藏：若勾选该复选框，放

映幻灯片时将不会显示音频图标。

- 播放完毕返回开头：若勾选该复选框，声音播放完成后将返回至音频的开头，而不是停在末尾。

8.1.4 设置音频样式

PowerPoint 2021共提供了2种音频样式：无样式和在后台播放。在"播放"选项卡中，通过"音频样式"选项组即可设置相应的音频样式。

若选择"音频样式"选项组中的"无样式"选项，可将音频文件设置为无任何样式，此时在"音频选项"选项组中可以看到无样式状态下的各选项设置，如图8-10所示。

图 8-10 "无样式"选项

若选择"音频样式"选项组中的"在后台播放"选项，那么在放映幻灯片时，会隐藏音频图标，但音频文件会自动在后台开始播放，并且一直循环播放，直到退出幻灯片放映状态。用户可在"音频选项"选项组中查看在后台播放样式下的各选项设置，如图8-11所示。

图 8-11 "在后台播放"选项

8.1.5 添加淡入淡出效果

若一个演示文稿中有多个不同风格的音频文件，当连续播放不同的声音时，可能声音之间的转换非常突兀，此时就需要为其添加淡入淡出效果了。

在"播放"选项卡中，通过"编辑"选项组中"淡化持续时间"区域中的"渐强"和"渐弱"2个选项即可添加淡入淡出效果，如图8-12所示。

图 8-12 "编辑"选项组

在"渐强"文本框中输入具体的时间，或者单击右侧的微调按钮，即可在声音开始的几秒钟内使用淡入效果。

同理，在"渐弱"文本框中输入具体的时间，或者单击右侧的微调按钮，即可在声音结束的几秒钟内使用淡出效果。

8.1.6 剪裁音频

用户可根据需要对音频文件进行修剪，只保留需要的部分，使其和幻灯片的播放环境更加适宜，具体的操作步骤如下。

Step 01 在幻灯片中选择要进行剪裁的音频文件，在"播放"选项卡中，单击"编辑"选项组中的"剪裁音频"按钮，如图8-13所示。

图 8-13 单击"剪裁音频"按钮

Step 02 弹出"剪裁音频"对话框，在其中可以看到音频文件的持续时间、开始时间及结束时间等信息，如图8-14所示。

图 8-14 "剪裁音频"对话框

Step 03 将光标定位在最左侧的绿色标记上，当变为双向箭头╫形状时，按住鼠标左键不放，拖动鼠标，即可修剪音频文件的开头部分，如图8-15所示。

图 8-15　拖动左侧的绿色标记修剪开头部分

Step 04 同理，将光标定位在最右侧的红色标记上，当变为双向箭头╫形状时，按住鼠标左键不放，拖动鼠标，即可修剪音频文件的末尾部分，如图8-16所示。

图 8-16　拖动右侧的红色标记修剪末尾部分

Step 05 若要进行更精确的剪裁，单击选中开头或末尾标记，然后单击下方的"上一帧"按钮◀或"下一帧"按钮▶，或者直接在"开始时间"和"结束时间"微调框中输入具体的数值，即可剪裁出更为精确的声音文件，如图8-17所示。

图 8-17　剪裁出更为精确的声音文件

Step 06 剪裁完成后，单击"播放"按钮▶，可以试听调整后的声音效果，如图8-18所示。

图 8-18　单击"播放"按钮

Step 07 若试听结果符合需求，单击"确定"按钮，即完成剪裁音频的操作。

8.1.7　删除音频

若要删除幻灯片中添加的音频文件，首先单击选中该文件，按Delete键即可将该音频文件删除。

8.2　在PPT中添加视频

在使用PPT的时候经常需要播放视频，用户可直接将视频插入PPT中，以增强演示文稿的视觉效果，丰富幻灯片。

8.2.1　添加视频

在PPT中添加的视频来源有多种，可以是直接联机搜索出来的视频，或是本地计算机中的视频文件。下面以添加本地视频为例，介绍如何在PPT中添加视频文件，具体的操作步骤如下。

Step 01 新建演示文稿，在幻灯片中添加图片，如图8-19所示。

图 8-19　新建演示文稿

Step 02 在"插入"选项卡中，单击"媒体"选项组中的"视频"按钮，在弹出的下拉列表中选择"此设备"选项，如图8-20所示。

图 8-20　选择"此设备"选项

Step 03 弹出"插入视频文件"对话框，在计算机中选择要添加的视频文件，如图8-21所示，单击"插入"按钮。

图 8-21　选择要添加的视频文件

Step 04 即可在幻灯片中添加所选的视频，如图8-22所示。

图 8-22　在幻灯片中添加所选的视频

8.2.2　预览视频

在幻灯片中插入视频文件后，可以播放该视频文件以预览效果。用户主要有以

下两种方法可播放视频。

（1）选择视频文件后，此时功能区中增加了"视频格式"和"播放"两个选项卡，在这两个选项卡中，单击"预览"选项组中的"播放"按钮，即可播放视频，如图8-23所示。

图 8-23　单击"预览"选项组中的"播放"按钮

（2）选择视频文件后，下方会出现工具栏，在其中单击"播放/暂停"按钮▶，即可播放视频，如图8-24所示。

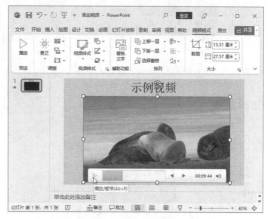

图 8-24　在播放条中单击"播放/暂停"按钮

8.2.3　设置视频的颜色效果

在PPT中添加视频后，可以重新设置视频的颜色，还可以调整视频的亮度和对比度，具体的操作步骤如下。

Step 01 选择在幻灯片中的视频，单击下方工具栏中的"播放/暂停"按钮，播放视频，如图8-25所示。

图8-25　播放视频

Step 02 在"视频格式"选项卡中，单击"调整"选项组中的"更正"按钮，在弹出的下拉列表中即可设置亮度和对比度，例如这里选择"亮度：0%（正常）对比度：+40%"选项，如图8-26所示。

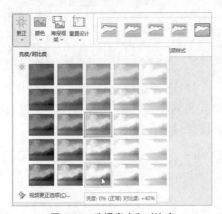

图8-26　选择亮度和对比度

Step 03 调整亮度和对比度后的效果如图8-27所示。

图8-27　调整亮度和对比度后的效果

Step 04 在"视频格式"选项卡中，单击"调整"选项组中的"颜色"按钮，在弹出的下拉列表中即可为视频重新着色，例如这里选择"蓝色，着色5浅色"选项，如图

8-28所示。

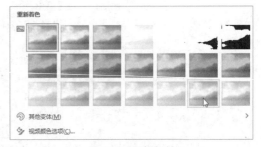

图8-28　选择颜色

Step 05 为视频着色之后的效果如图8-29所示。

图8-29　为视频着色之后的效果

Step 06 若对当前的着色效果不满意，在"颜色"下拉列表中选择"其他变体"选项，然后在右侧弹出的子列表中即可选择更多的颜色，例如这里选择"标准色"区域中的"红色"选项，如图8-30所示。

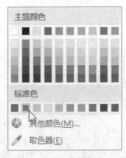

图8-30　选择颜色

Step 07 即可将视频着色为红色，如图8-31所示。

Step 08 若要自定义亮度、对比度及颜色，在"颜色"下拉列表中选择"视频颜色选项"选项，弹出"设置视频格式"面板，在下方的"视频"选项中即可自定义视频颜色、亮度和对比度等，如图8-32所示。

图8-31 将视频着色为红色

图8-32 "设置视频格式"面板

8.2.4 设置视频的样式

设置视频的样式包括设置视频的形状、边框、效果等内容，具体的操作步骤如下。

Step 01 选择视频，单击下方工具栏中的"播放/暂停"按钮，播放视频，如图8-33所示。

图8-33 播放视频

Step 02 在"视频格式"选项卡中，单击"视频样式"选项组中的"其他"按钮▼，在弹出的下拉列表中即可选择系统预设的样式，例如这里选择"中等"区域中选

择"棱台形椭圆，黑色"选项，如图8-34所示。

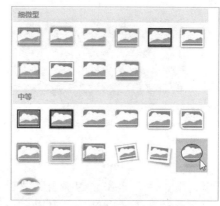

图8-34 选择系统预设的样式

Step 03 设置视频样式后的效果如图8-35所示。

图8-35 设置视频样式

Step 04 若要设置视频的形状，在"视频格式"选项卡中，单击"视频样式"选项组中的"视频形状"按钮，在弹出的下拉列表中即可设置视频的形状，例如这里选择"矩形"区域中的"圆角矩形"选项，如图8-36所示。

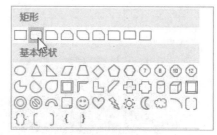

图8-36 选择视频形状

Step 05 即可将视频的形状设置为圆角矩形，如图8-37所示。

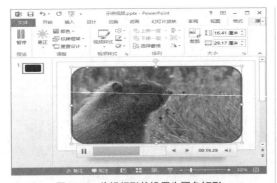

图 8-37　将视频形状设置为圆角矩形

Step 06 若要设置视频边框的颜色，在"视频格式"选项卡中，单击"视频样式"选项组中"视频边框"右侧的下拉按钮，在弹出的下拉列表中选择合适的颜色，如图8-38所示。

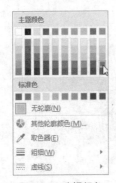

图 8-38　选择颜色

提示：在"视频边框"下拉列表中选择"粗细"和"虚线"选项，还可设置边框的粗细和线型。

Step 07 即可设置视频边框的颜色，如图8-39所示。

图 8-39　设置视频边框的颜色

Step 08 若要设置视频的效果，在"视频格式"选项卡中，单击"视频样式"选项组中的"视频效果"按钮，在弹出的下拉列表中即可设置效果，例如这里选择"预设"子列表中的"预设9"选项，如图8-40所示。

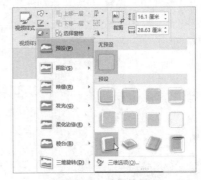

图 8-40　选择效果

Step 09 即可设置视频的效果，如图8-41所示。

图 8-41　设置视频的效果

8.2.5　剪裁视频

用户可根据需要对视频文件进行修剪，只保留需要的部分，具体的操作步骤如下。

Step 01 选择视频，单击下方工具栏中的"播放/暂停"按钮，播放视频，如图8-42所示。

图 8-42　播放视频

Step 02 在"播放"选项卡中，单击"编辑"选项组中的"剪裁视频"按钮，如图8-43所示。

图 8-43 单击"剪裁视频"按钮

Step 03 弹出"剪裁音频"对话框，将光标定位在最左侧的绿色标记上，当变为双向箭头 ↔ 形状时，按住鼠标左键不放，拖动鼠标，即可修剪视频文件的开头部分，如图8-44所示。

图 8-44 拖动左侧的绿色标记修剪开头部分

Step 04 同理，将光标定位在最右侧的红色标记上，当变为双向箭头 ↔ 形状时，按住鼠标左键不放，拖动鼠标，即可修剪视频文件的末尾部分，如图8-45所示。

图 8-45 拖动右侧的红色标记修剪末尾部分

Step 05 若要进行更精确的剪裁，单击选中开头或末尾标记，然后单击下方的"上一帧"按钮 ◄ 或"下一帧"按钮 ►，或者直接在"开始时间"和"结束时间"微调框中输入具体的数值，即可剪裁出更为精确的视频文件，如图8-46所示。

图 8-46 剪裁出更为精确的视频文件

Step 06 剪裁完成后，单击"播放"按钮 ►，可以查看调整后的视频效果，最后单击"确定"按钮，即完成剪裁视频的操作，如图8-47所示。

图 8-47 查看调整后的效果

8.2.6 删除视频

若要删除幻灯片中添加的视频文件，

首先单击选中该文件，按Delete键即可将该视频文件删除。

8.3 创建各类动画元素

PowerPoint 2021为用户提供了多种动画元素，例如进入、强调、退出以及路径等。使用这些动画效果可以使观众的注意力集中在要点或控制信息上，还可以提高幻灯片的趣味性。

8.3.1 创建进入动画

进入动画是指幻灯片对象从无到有出现在幻灯片中的动态过程。下面以一个具体实例来介绍创建进入动画的方法，具体的操作步骤如下。

Step 01 新建演示文稿，在幻灯片中添加图片与文字，在幻灯片中选择要创建进入动画效果的文字，如图8-48所示。

图8-48　选择要创建进入动画效果的文字

Step 02 在"动画"选项卡中，单击"动画"选项组中的"其他"按钮，在弹出的下拉列表中选择"进入"区域中需要的效果，如图8-49所示。

Step 03 即可创建相应的进入动画效果，此时所选对象前将显示一个动画编号标记，如图8-50所示。

Step 04 若"进入"区域中的动画效果不满足需求，则可以在"动画"下拉列表中选择

"更多进入效果"选项，如图8-51所示。

图8-49　"进入"区域

图8-50　创建进入动画效果

图8-51　选择"更多进入效果"选项

Step 05 即弹出"更多进入效果"对话框，如图8-52所示，在其中可以选择更多的进入动画效果，单击选择每一个效果，在幻灯片中还可预览结果，选择完成后，单击"确定"按钮即可。

图 8-52 "更多进入效果"对话框

💭提示：添加动画效果后，在"动画"选项卡中，单击"高级动画"选项组中的"添加动画"按钮，在弹出的下拉列表中还可以为对象添加多个动画效果，如图8-53所示。

图 8-53 为对象添加多个动画效果

8.3.2 创建强调动画

强调动画主要用于突出强调某个幻灯片对象。下面以一个具体实例来介绍创建强调动画的方法，具体的操作步骤如下。

Step 01 在幻灯片中选择要创建动画效果的图片，如图8-54所示。

Step 02 在"动画"选项卡中，单击"动画"

图 8-54 选择要创建动画效果的图片

选项组中的"其他"按钮⊡，在弹出的下拉列表中选择"强调"区域中需要的效果，如图8-55所示。

图 8-55 选择"强调"区域中需要的效果

Step 03 即可创建相应的强调动画效果，此时所选对象前将显示一个动画编号标记 2 ，表示这是当前幻灯片中第2个动画元素，如图8-56所示。

图 8-56 创建强调动画效果

Step 04 若"强调"区域中的动画效果不满足需求，则可以在"动画"下拉列表中选择"更多强调效果"选项，弹出"更多强调效果"对话框，在其中可以选择更多的强调动画效果，如图8-57所示。

图 8-57 "更多强调效果"对话框

8.3.3 创建退出动画

退出动画与进入动画相对应，是指幻灯片对象从有到无逐渐消失的动态过程。下面以一个具体实例来介绍创建退出动画的方法，具体的操作步骤如下。

Step 01 在"幻灯片"面板中选择第2个幻灯片，然后在幻灯片中选择要创建动画效果的文字，如图8-58所示。

图 8-58 选择要创建动画效果的文字

Step 02 在"动画"选项卡中，单击"动画"选项组中的"其他"按钮，在弹出的下拉列表中选择"退出"区域中需要的效果，如图8-59所示。

图 8-59 选择"退出"区域中需要的效果

Step 03 即可创建相应的退出动画效果，如图8-60所示。

图 8-60 创建退出动画效果

Step 04 若"退出"区域中的动画效果不满足需求，则可以在"动画"下拉列表中选择"更多退出效果"选项，弹出"更多退出效果"对话框，如图8-61所示，在其中可以选择更多的退出动画效果。

图 8-61 "更多退出效果"对话框

8.3.4 创建路径动画

路径动画用于指定对象的路径轨迹，从而控制对象根据指定的路径运动。下面以一个具体实例来介绍创建路径动画的方法，具体的操作步骤如下。

Step 01 在幻灯片中选择要创建动画效果的文字，如图8-62所示。

Step 02 在"动画"选项卡中，单击"动画"选项组中的"其他"按钮，在弹出的下拉列表中选择"动作路径"区域中需要的路径，例如这里选择"形状"选项，如图8-63所示。

图 8-62　选择要创建动画效果的文字

图 8-63　选择"动作路径"区域中需要的路径

Step 03 即可创建相应的动作路径，此时所选对象前不仅显示了一个动画编号标记，还显示了具体的路径轨迹，如图8-64所示。

图 8-64　创建动作路径

Step 04 若"动作路径"区域中的动画效果不满足需求，则可以在"动画"下拉列表中选择"其他动作路径"选项，选择更多的动作路径，如图8-65所示。

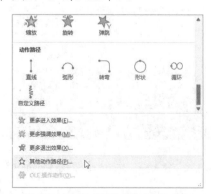

图 8-65　选择"其他动作路径"选项

8.3.5　动画预览效果

在幻灯片中创建好动画效果后，用户可以预览创建的效果是否符合要求。首先打开含有动画效果的演示文稿，在"动画"选项卡中，单击"预览"选项组中的"预览"按钮，即可以预览当前幻灯片中创建的所有动画效果，如图8-66所示。

图 8-66　单击"预览"按钮

另外，在"动画"选项卡中，单击"预览"组中的"预览"下拉按钮，选择"自动预览"选项，使其前面呈现选中状态，这样在每次为对象创建动画后，可自动预览动画效果，如图8-67所示。

图 8-67　自动预览动画效果

8.4　高效办公技能实战

8.4.1　实战1：插入多媒体素材

在PowerPoint文件中还可以插入Swf文件或Windows Media Player播放器控件等多媒体素材。本小节以插入Windows Media Player播放器控件为例，介绍如何在演示文稿中插入其他多媒体素材，具体的操作步骤如下。

Step 01 启动PowerPoint 2021，新建一个空白演示文稿，将光标定位在功能区中，单击鼠标右键，在弹出的快捷菜单中选择"自定义功能区"选项，如图8-68所示。

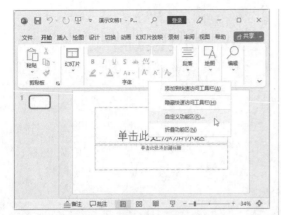

图 8-68　选择"自定义功能区"选项

Step 02 弹出"PowerPoint选项"对话框，在右侧"自定义功能区"列表框中勾选"开发工具"复选框，如图8-69所示，然后单击"确定"按钮。

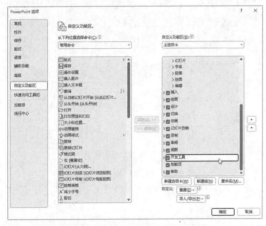

图 8-69　勾选"开发工具"复选框

Step 03 此时在功能区中会出现"开发工具"选项卡，在其中单击"控件"选项组中的"其他控件"按钮，如图8-70所示。

Step 04 弹出"其他控件"对话框，在其中选择"Windows Media Player"选项，然后单击"确定"按钮，如图8-71所示。

Step 05 此时光标变为十字形状时，按住鼠标左键不放，拖动鼠标绘制控制区域，如图8-72所示。

Step 06 释放鼠标，即可插入一个Windows Media Player控件，如图8-73所示。

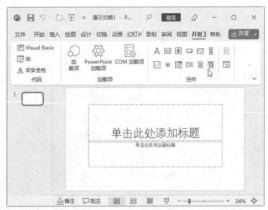

图 8-70　单击"其他控件"按钮

图 8-71　选择"Windows Media Player"选项

图 8-72　拖动鼠标绘制控制区域

图 8-73　插入一个 Windows Media Player 控件

Step 07 在插入的控件上单击鼠标右键，在弹出的快捷菜单中选择"属性表"选项，如图8-74所示。

图8-74 选择"属性表"选项

Step 08 弹出"属性"面板，单击"自定义"栏右侧的省略号按钮 **...**，如图8-75所示。

图8-75 单击"自定义"栏右侧的省略号按钮

Step 09 弹出"Windows Media Player属性"对话框，单击"浏览"按钮，如图8-76所示。

图8-76 单击"浏览"按钮

Step 10 弹出"打开"对话框，在计算机中选

择要插入的视频文件，然后单击"打开"按钮，如图8-77所示。

图8-77 选择要插入的视频文件

Step 11 返回"Windows Media Player属性"对话框，在"文件名或URL"右侧文本框中可查看要插入的视频路径及名称，在"播放选项"区域中，勾选"自动启动"复选框，如图8-78所示。

图8-78 勾选"自动启动"复选框

Step 12 设置完成后，单击"确定"按钮，返回工作界面，然后按F5键放映演示文稿，即可在Windows Media Player控件中自动播放插入的多媒体文件，如图8-79所示。

图8-79 在控件中播放插入的多媒体文件

8.4.2 实战2：设置视频的海报帧

在幻灯片中插入视频后，在视频没有播放时，整个视频都是黑色的。通过设置视频的标牌框架，可以为视频添加播放前的显示图片，使其更加美观，该图片既可能来源于外部的图片，也可以是视频中某一帧的画面。具体的操作步骤如下。

Step 01 新建演示文稿，在幻灯片中添加视频，可以看到，当没有播放视频时，视频显示为黑色，如图8-80所示。

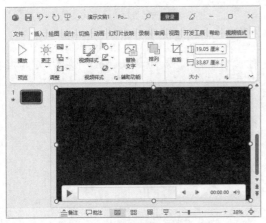

图 8-80 视频显示为黑色

Step 02 选择视频后，在工具栏的播放进度条中单击，选择要设置为海报帧的画面，如图8-81所示。

图 8-81 选择要设置为海报帧的画面

Step 03 选择完成后，在"视频格式"选项卡中，单击"调整"选项组中的"海报框架"按钮，在弹出的下拉列表中选择"当前帧"选项，如图8-82所示。

图 8-82 选择"当前帧"选项

Step 04 停止播放视频，可以看到，此时选中的画面已被设置为未播放视频时显示的图片，如图8-83所示。

图 8-83 选中的画面被设置为未播放视频时显示的图片

提示：在"海报框架"的下拉列表中选择"文件中的图像"选项，即可将外部的图片设置为视频的海报帧。

第9章 放映、打包和发布幻灯片

在日常办公中，用户通常需要把制作好的PowerPoint演示文稿在计算机上放映，并在放映过程中设置放映效果，或者将演示文稿导出为其他格式。本章将为读者介绍放映、打包和导出演示文稿的方法。

9.1 添加幻灯片切换效果

当一个演示文稿完成后，即可放映幻灯片。在放映幻灯片时可根据需要设置幻灯片的切换效果，幻灯片切换时产生的类似动画效果，可以使演示文稿在放映时更加形象生动。

9.1.1 添加细微型切换效果

下面介绍如何为幻灯片添加细微型切换效果，具体的操作步骤如下。

Step 01 新建演示文稿，在其中添加文字与图片，选择第1张幻灯片，如图9-1所示。

图9-1 选择第1张幻灯片

Step 02 在"切换"选项卡中，单击"切换到此幻灯片"选项组中的"其他"按钮，在弹出的下拉列表中选择"细微型"区域中的效果，例如这里选择"随机线条"选项，如图9-2所示。

图9-2 选择"细微型"区域中的效果

Step 03 即可为幻灯片添加"随机线条"切换效果，此时系统会自动播放该效果，以供用户预览。图9-3是"随机线条"切换效果的部分截图。

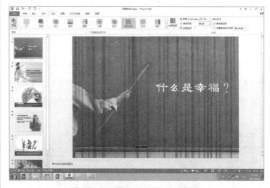

图9-3 "随机线条"切换效果

9.1.2 添加华丽型切换效果

下面介绍如何为幻灯片添加华丽型切换效果，具体的操作步骤如下。

Step 01 在演示文稿的"幻灯片"面板中选择第2张幻灯片，如图9-4所示。

图9-4 选择第2张幻灯片

Step 02 在"切换"选项卡中，单击"切换到此幻灯片"选项组中的"其他"按钮，在弹出的下拉列表中选择"华丽型"区域中的效果，例如这里选择"帘式"选项，如图9-5所示。

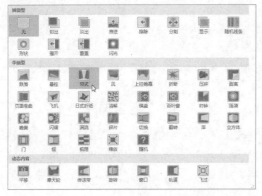

图9-5 选择"华丽型"区域中的效果

Step 03 即可为幻灯片添加"帘式"切换效果，此时系统会自动播放该效果，以供用户预览。图9-6是"帘式"切换效果的部分截图。

图9-6 "帘式"切换效果

提示：当由第1张幻灯片切换到第2张幻灯片时，即会应用"帘式"切换效果。

9.1.3 添加动态型切换效果

下面介绍如何为幻灯片添加动态型切换效果，具体的操作步骤如下。

Step 01 在演示文稿的"幻灯片"面板中选择第3张幻灯片，如图9-7所示。

图9-7 选择第3张幻灯片

Step 02 在"切换"选项卡中，单击"切换到此幻灯片"选项组中的"其他"按钮，在弹出的下拉列表中选择"动态内容"区域中的效果，例如这里选择"旋转"选项，如图9-8所示。

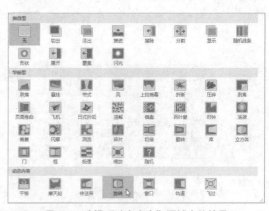

图9-8 选择"动态内容"区域中的效果

Step 03 即可为幻灯片添加"旋转"切换效果，此时系统会自动播放该效果，以供用户预览。图9-9是"旋转"切换效果的部分截图。

图 9-9 "旋转"切换效果

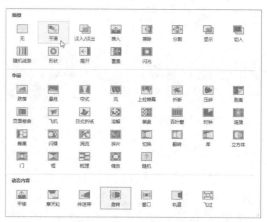

图 9-11 选择"平滑"选项

9.1.4 全部应用切换效果

除了为每一张幻灯片设置不同的切换效果外，还可以把演示文稿中的所有幻灯片设置为相同的切换效果。将一种切换效果应用到所有幻灯片上的具体操作步骤如下。

Step 01 在"幻灯片"面板中选择任意幻灯片，如图9-10所示。

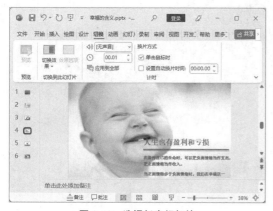

图 9-10 选择任意幻灯片

Step 02 在"切换"选项卡中，单击"切换到此幻灯片"选项组中的"其他"按钮▽，在弹出的下拉列表中选择"细微"区域中的"平滑"选项，即可为当前幻灯片添加"平滑"切换效果，如图9-11所示。

Step 03 在"切换"选项卡中，单击"计时"选项组中的"应用到全部"按钮，即可将"平滑"切换效果应用于所有的幻灯片中，如图9-12所示。

图 9-12 单击"应用到全部"按钮

📢 提示：单击"应用到全部"按钮后，不仅切换效果将应用于所有的幻灯片中，还包括设置的切换声音、持续时间、换片方式等都将应用于所有的幻灯片中。

9.1.5 预览幻灯片切换效果

添加切换效果后，系统会自动播放该效果，以供用户预览所选的效果是否符合需求。此外，在"切换"选项卡中，单击"预览"选项组中的"预览"按钮，也可预览切换效果，如图9-13所示。注意，在预览效果时，"预览"按钮会变为☆形状，如图9-14所示。

图 9-13 单击"预览"按钮

图 9-14 "预览"按钮变为☆形状

9.2 放映幻灯片

默认情况下，幻灯片的放映方式为普通手动放映。读者可以根据实际需要，设置幻灯片的放映方法，如自动放映、自定义放映和排列计时放映等。

9.2.1 从头开始放映

从头开始放映是指从演示文稿的第1张幻灯片开始放映。通常情况下，放映PPT时都是从头开始放映的，具体的操作步骤如下。

Step 01 新建演示文稿，在其中添加文字与图片，选择任意幻灯片，如图9-15所示。

图 9-15　选择任意幻灯片

Step 02 在"幻灯片放映"选项卡中，单击"开始放映幻灯片"选项组中的"从头开始"按钮，如图9-16所示。

图 9-16　单击"从头开始"按钮

Step 03 此时不管当前选择了第几张幻灯片，系统都将从第1张幻灯片开始播放，如图9-17所示。

图 9-17　从第 1 张幻灯片开始播放

🔊**提示：** 按F5键播放时，系统也会从第1张幻灯片开始播放。

9.2.2 从当前幻灯片开始放映

在放映幻灯片时，可以选择从当前的幻灯片开始播放，具体的操作步骤如下。

Step 01 在演示文稿中选择第4张幻灯片，如图9-18所示。

图 9-18　选择第 4 张幻灯片

Step 02 在"幻灯片放映"选项卡中，单击"开始放映幻灯片"选项组中的"从当前幻灯片开始"按钮，如图9-19所示。

图 9-19　单击"从当前幻灯片开始"按钮

Step 03 从当前幻灯片开始播放，如图9-20所示。

🔊**提示：** 单击底部状态栏中的"幻灯片放映"按钮 ▭，系统也会从当前幻灯片开始放映。

图9-20 从当前幻灯片开始播放

9.2.3 自定义多种放映方式

利用PowerPoint的"自定义幻灯片放映"功能，用户可以选择从第几张幻灯片开始放映，以及放映哪些幻灯片，并且可以随意调整这些幻灯片的放映顺序，具体的操作步骤如下。

Step 01 打开演示文稿，在"幻灯片放映"选项卡中，单击"开始放映幻灯片"选项组中的"自定义幻灯片放映"按钮，在弹出的下拉列表中选择"自定义放映"选项，如图9-21所示。

图9-21 选择"自定义放映"选项

Step 02 弹出"自定义放映"对话框，在其中单击"新建"按钮，如图9-22所示。

图9-22 单击"新建"按钮

Step 03 弹出"定义自定义放映"对话框，在"幻灯片放映名称"文本框中输入自定义的名称，然后在"在演示文稿中的幻灯片"列表框中选择需要放映的幻灯片，例如这里勾选第1张幻灯片前面的复选框，单击"添加"按钮，如图9-23所示。

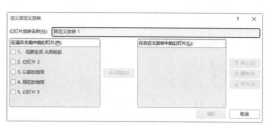

图9-23 选择需要放映的幻灯片

Step 04 即可将第1张幻灯片添加到右侧"在自定义放映中的幻灯片"列表框中，重复步骤3，还可添加其他幻灯片，然后单击"确定"按钮，如图9-24所示。

图9-24 添加其他幻灯片

提示：添加完成后，单击右侧的"上移"按钮、"删除"按钮或"下移"按钮，可调整幻灯片的顺序，还可删除选择的幻灯片。

Step 05 返回"自定义放映"对话框，在其中可以看到自定义的放映方式，单击"放映"按钮，如图9-25所示。

图9-25 单击"放映"按钮

Step 06 预览放映效果，如图9-26所示。

图9-26 预览放映效果

提示：再次单击"开始放映幻灯片"选项组中的"自定义幻灯片放映"按钮，在弹出的下拉列表中可以看到，自定义的放映方式已添加到该列表中。用户只需选择该选项，即可以自定义的方式开始放映幻灯片，如图9-27所示。

图 9-27　自定义的放映方式已添加到列表中

9.2.4　设置其他放映方式

在"设置放映方式"对话框中，用户可以设置是否循环放映、换片方式以及放映哪些幻灯片等内容，具体的操作步骤如下。

Step 01 打开演示文稿，在"幻灯片放映"选项卡中，单击"设置"选项组中的"设置幻灯片放映"按钮，如图9-28所示，将弹出"设置放映方式"对话框。

图 9-28　单击"设置幻灯片放映"按钮

Step 02 设置放映选项。在"设置放映方式"对话框的"放映选项"区域中即可设置放映时是否循环放映、是否添加旁白及动画、是否禁用硬件图形加速等。例如这里勾选"循环放映，按Esc键终止"复选框，如图9-29所示。

提示："放映选项"区域中各选项的作用如下：

- 循环放映，按Esc键终止：设置在最后一张幻灯片放映结束后，自动返回第一张幻灯片继续放映，直到按下键盘上的Esc键结束放映。

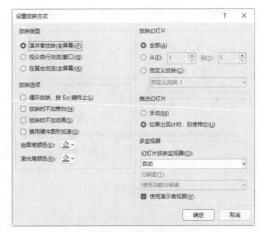

图 9-29　设置放映选项

- 放映时不加旁白：设置在放映时不播放在幻灯片中添加的声音。
- 放映时不加动画：设置在放映时将屏蔽动画效果。
- 禁用硬件图形加速：设置停用硬件图形加速功能。
- 绘图笔颜色：设置在添加墨迹注释时笔的颜色。
- 激光笔颜色：设置激光笔的颜色。

Step 03 设置放映哪些幻灯片。在"放映幻灯片"区域中即可设置是放映全部幻灯片，还是指定幻灯片。例如这里选中"从"单选按钮，在后面2个文本框中分别输入1和2，即表示只放映第1张到第2张幻灯片，如图9-30所示。

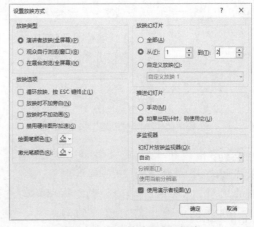

图 9-30　设置放映哪些幻灯片

Step 04 设置换片方式。在"推进幻灯片"区域中即可设置是采用手动切换幻灯片，或者根据排练时间进行换片。例如这里选中"手动"单选按钮，如图9-31所示。

图9-31　设置换片方式

💿提示："推进幻灯片"区域中各选项的作用如下：

- 手动：设置必须手动切换幻灯片。
- 如果出现计时，则使用它：设置按照设定的"排练计时"来自动切换。

Step 05 设置是否使用演示者视图。在"多监视器"区域中即可设置是否使用演示者视图。例如这里不勾选"使用演示者视图"复选框，表示不使用演示者视图，如图9-32所示。

图9-32　设置是否使用演示者视图

Step 06 设置完成后，单击"确定"按钮，完成操作。按F5键放映PPT，此时只会放映第1张到第2张幻灯片，并且将一直循环放映，如图9-33所示。

图9-33　预览效果

9.3　将幻灯片发布为其他格式

PowerPoint 2021的导出功能可轻松地将演示文稿导出到其他类型的文件中，例如导出到PDF文件、Word文档或视频文件等，还可以将演示文稿打包为CD。

9.3.1　创建为PDF

若希望共享和打印演示文稿，又不想让其他人修改文稿，即可将演示文稿转换为PDF或XPS格式，具体的操作步骤如下。

Step 01 打开演示文稿，选择"文件"选项卡，单击左侧列表中的"导出"选项，然后选择"创建PDF/XPS文档"选项，并单击右侧的"创建PDF/XPS"按钮，如图9-34所示。

图9-34　单击"创建PDF/XPS"按钮

Step 02 弹出"发布为PDF或XPS"对话框，选择文件在计算机中的保存位置，然后在"文件名"文本框中输入文件名称，在"保存类型"右侧的下拉列表中选择"PDF"选项，勾选"发布后打开文件"复选框，如图9-35所示，并单击右侧的"选项"按钮。

图9-35 "发布为 PDF 或 XPS"对话框

Step 03 弹出"选项"对话框，在其中可设置发布的范围、发布内容和PDF选项等参数，设置完成后，如图9-36所示，单击"确定"按钮。

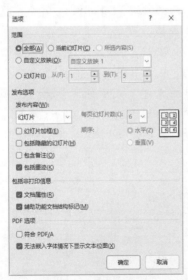

图9-36 "选项"对话框

Step 04 返回"发布为PDF或者XPS"对话框，单击"发布"按钮，弹出"正在发布"对话框，提示系统正在发布幻灯片文件，如图9-37所示。

图9-37 "正在发布"对话框

Step 05 发布完成后，系统将自动打开发布的PDF文件。至此，即完成发布为PDF文件的操作，如图9-38所示。

图9-38 将演示文稿发布为 PDF 文件

提示：除了系统提供的导出功能外，用户还可通过另存为的方法将演示文稿转换为其他类型的文件。选择"文件"选项卡，单击左侧列表中的"另存为"选项，然后选择"计算机"选项，并单击右侧的"浏览"按钮，即弹出"另存为"对话框，单击"保存类型"右侧的下拉按钮，在弹出的下拉列表中选择"PDF"选项，即可将演示文稿转换为PDF文件，如图9-39所示。

图9-39 选择"PDF"选项

9.3.2 创建为视频

用户可将PowerPoint文件转换为视频文件,还可设置每张幻灯片的放映时间,具体的操作步骤如下。

Step 01 打开演示文稿,选择"文件"选项卡,单击左侧列表中的"导出"选项,然后选择"创建视频"选项,在右侧的"放映每张幻灯片的秒数"微调框中设置放映每张幻灯片的时间为5秒,并单击下方的"创建视频"按钮,如图9-40所示。

图 9-40 单击"创建视频"按钮

Step 02 弹出"另存为"对话框,选择文件在计算机中的保存位置,然后在"文件名"文本框中输入文件名称,在"保存类型"右侧的下拉列表中选择视频的保存类型,如图9-41所示,设置完成后,单击"保存"按钮。

图 9-41 "另存为"对话框

Step 03 此时在状态栏中显示出视频的制作进度条,如图9-42所示。

图 9-42 状态栏中显示出视频的制作进度条

Step 04 制作完成后,找到并播放制作好的视频文件,如图9-43所示。至此,即完成发布为视频的操作。

图 9-43 将演示文稿发布为视频

9.4 高效办公技能实战

9.4.1 实战1:打包演示文稿为CD

如果所使用的计算机上没有安装PowerPoint软件,但仍希望打开演示文稿,此时可通过PowerPoint 2021提供的打包成CD功能来实现。打包演示文稿的具体操作如下。

Step 01 打开演示文稿，选择"文件"选项卡，单击左侧列表中的"导出"选项，然后选择"将演示文稿打包成CD"选项，并单击右侧的"打包成CD"按钮，如图9-44所示。

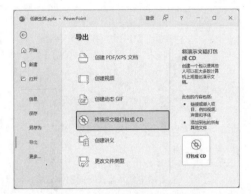

图 9-44　单击"打包成CD"按钮

Step 02 弹出"打包成CD"对话框，单击"选项"按钮，如图9-45所示。

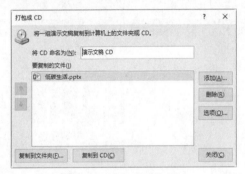

图 9-45　单击"选项"按钮

Step 03 弹出"选项"对话框，可以设置要打包文件的安全性。例如，在"打开每个演示文稿时所用密码"和"修改每个演示文稿时所用密码"文本框中分别输入密码，单击"确定"按钮，如图9-46所示。

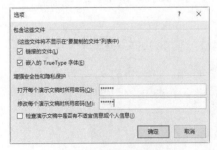

图 9-46　"选项"对话框

Step 04 弹出确认打开权限密码对话框，在文本框中重新输入设置的打开密码，然后单击"确定"按钮，如图9-47所示。

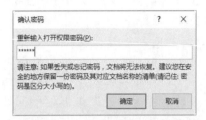

图 9-47　在文本框中重新输入设置的打开密码

Step 05 弹出确认修改权限密码对话框，在文本框中重新输入设置的修改密码，然后单击"确定"按钮，如图9-48所示。

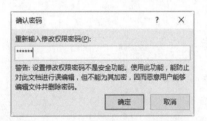

图 9-48　在文本框中重新输入设置的修改密码

Step 06 返回"打包成CD"对话框，单击"复制到文件夹"按钮，如图9-49所示。

图 9-49　单击"复制到文件夹"按钮

Step 07 弹出"复制到文件夹"对话框，在"文件夹名称"和"位置"文本框中分别设置文件夹名称和保存的位置，然后单击"确定"按钮，如图9-50所示。

图 9-50　"复制到文件夹"对话框

Step 08 弹出"Microsoft PowerPoint"对话框，单击"是"按钮，如图9-51所示。

图 9-51 "Microsoft PowerPoint"对话框

Step 09 弹出"正在将文件复制到文件夹"对话框，系统开始自动复制文件到文件夹，如图9-52所示。

图 9-52 "正在将文件复制到文件夹"对话框

Step 10 复制完成后，系统自动打开生成的CD文件夹，此时在其中有一个名为"AUTORUN.INF"的自动运行文件，如图9-53所示，该文件具有自动播放功能，这样即使计算机中没有安装PowerPoint软件，只要插入CD即可自动播放幻灯片。至此，即完成将演示文稿打包成CD的操作。

图 9-53 CD 文件夹

9.4.2 实战2：为幻灯片创建超链接

为了使演示文稿中的幻灯片之间快速地进行切换，就需要链接各个幻灯片，具体的操作步骤如下。

Step 01 打开演示文稿，选中需要创建超链接的对象，然后右击，从弹出的快捷菜单中选择"超链接"选项，如图9-54所示，打开"插入超链接"对话框，如图9-55所示。

图 9-54 选择"超链接"选项

图 9-55 "插入超链接"对话框

Step 02 在左侧的列表框中选择"本文档中的位置"选项，然后在右侧的列表框中选择要链接到的幻灯片，如图9-56所示。

图 9-56 选择要链接到的幻灯片

Step 03 单击"确定"按钮，即可完成链接操作，如图9-57所示。然后按照同样的方法为其他的形状添加超链接。

主讲人：马老师

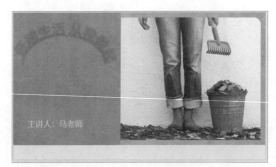

图 9-57　完成所有的链接操作

Step 04 单击“幻灯片放映”选项卡，进入“幻灯片放映”界面，然后单击“开始放映幻灯片”选项组中的“从当前幻灯片开始”按钮，即可进入幻灯片放映状态，将鼠标指针移动到低碳生活文字上，此时鼠标指针将变成如图9-58所示。

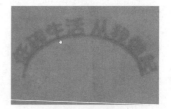

图 9-58　链接标志

Step 05 单击该形状即可切换到“什么是低碳生活”幻灯片，如图9-59所示。

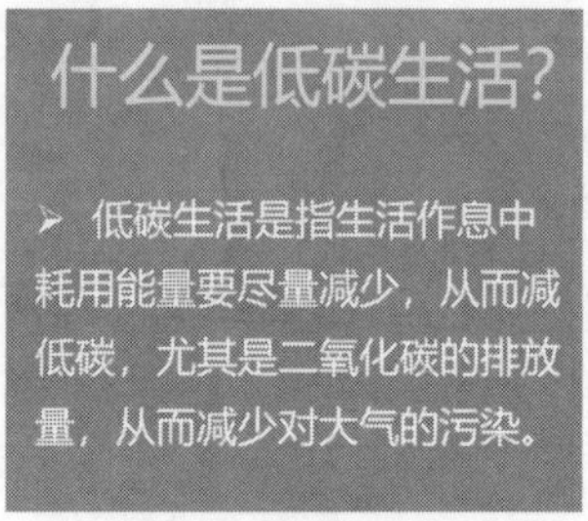

什么是低碳生活?
➢ 低碳生活是指生活作息中耗用能量要尽量减少，从而减低碳，尤其是二氧化碳的排放量，从而减少对大气的污染。

图 9-59　快速切换幻灯片

第10章 认识Windows 11操作系统

Windows 11是由微软公司开发的新一代操作系统，该系统旨在让人们的日常计算机操作更加简单和快捷，为人们提供高效易行的工作环境。本章带读者认识Windows 11操作系统。

10.1 启动和关闭Windows 11

当在计算机中安装好Windows 11操作系统之后，通过启动和关闭计算机，就可以启动和关闭Windows 11操作系统了。

10.1.1 启动Windows 11

启动Windows 11操作系统也就是启动安装有Windows 11操作系统的计算机。启动计算机的正确顺序是：先打开显示器的电源，然后打开主机的电源。

与以往的操作系统不同，Windows 11是一款跨平台的操作系统，它能够同时运行在台式机、平板电脑、智能手机等平台中，为用户带来统一的体验。图10-1所示为Windows 11专业版的桌面显示效果。

图10-1　Windows 11专业版的桌面显示效果

10.1.2 重启Windows 11

在使用Windows 11的过程中，如果安装了某些应用软件或对系统进行了新的配置，经常会被要求重新启动系统。

重新启动Windows 11操作系统的具体操作步骤如下。

Step 01 单击所有打开的应用程序窗口右上角的"关闭"按钮，退出正在运行的程序。如图10-2所示。

图10-2　单击"关闭"按钮

Step 02 右击Windows 11桌面中间的"开始"按钮，在弹出的"开始"菜单中选择"关机或注销"选项，在弹出的子菜单中选择"重启"选项，如图10-3所示。

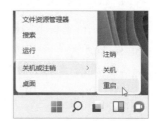

图10-3　选择"重启"选项

🔊提示：单击Windows 11桌面中间的"开始"按钮，在弹出的"开始"菜单中单击"电源"按钮，在弹出的子菜单中选择"重启"选项，也可以重新启动Windows 11操作系统，如图10-4所示。

图 10-4 "开始"菜单

10.1.3 关闭Windows 11

关闭Windows 11操作系统就是关闭计算机。正常关闭计算机的正确顺序为：先确保关闭计算机中的所有应用程序，然后通过"开始"菜单退出Windows 11操作系统，最后关闭显示器。

常见的关机方法有以下几种。

方法1：通过"开始"按钮关机。

Step 01 单击所有打开的应用程序窗口右上角的"关闭"按钮，退出正在运行的程序。图10-5所示为Edge浏览器运行窗口。

图 10-5 Edge 浏览器运行窗口

Step 02 单击Windows 11桌面中间的"开始"按钮，在弹出的"开始"菜单中单击"电源"按钮，在弹出的子菜单中选择"关机"选项，如图10-6所示。

图 10-6 选择"关机"选项

Step 03 系统将停止运行，屏幕上会出现"正在关机"的文字提示信息，稍等片刻，将自动关闭主机电源，待主机电源关闭后，

按下显示器上的电源按钮，完成关闭计算机的操作。

💡**注意**：如果使用了外部计算机，还需要关闭电源插座上的开关或拔掉电源插座的插头使其断电。

方法2：通过右击"开始"按钮关机。

右击"开始"按钮，在弹出的菜单中选择"关机或注销"选项，在弹出的子菜单中选择"关机"选项，也可以关闭Windows 11操作系统，如图10-7所示。

图 10-7 选择"关机"选项

方法3：通过Alt+F4组合键关机。

在关机前关闭所有的程序，然后使用Alt+F4组合键快速调出"关闭Windows"对话框，单击"确定"按钮，即可进行关机，如图10-8所示。

图 10-8 "关闭 Windows"对话框

方法4：死机时关闭系统。

当计算机在使用的过程中出现了蓝屏、花屏、死机等非正常现象时，就不能按照正常关闭计算机的方法来关闭系统了。这时应该先用前面介绍的方法重新启动计算机，若不行再进行复位启动，如果复位启动还是不行，则只能进行手动关机。方法是：先按下主机机箱上的电源按钮3～5秒，待主机电源关闭后，再关闭显示器的电源开关，以完成手动关机操作。

10.1.4 睡眠与唤醒模式

在使用计算机的过程中，如果用户暂时不使用计算机，又不希望其他人在自己的计算机上任意操作时，可以将操作系统设置为睡眠模式，这样系统既能保持当前的运行，又将计算机转入低功耗状态，当用户再次使用计算机时，可以将系统唤醒。

切换系统睡眠与唤醒模式的操作步骤如下。

Step 01 右击Windows 11桌面中间的"开始"按钮，在弹出的"开始"菜单中选择"关机或注销"选项，在弹出的子菜单中选择"睡眠"选项，如图10-9所示。

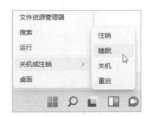

图 10-9 选择"睡眠"选项

Step 02 此时计算机进入睡眠状态，如果想唤醒计算机，双击鼠标，即可重新唤醒计算机，并进入Windows 11操作系统的锁屏桌面，然后按下Enter键确认，即可进入系统桌面。图10-10所示为Windows 11操作系统的锁屏桌面。

图 10-10 Windows 11 操作系统的锁屏界面

10.2 Windows 11的桌面组成

进入Windows 11操作系统后，用户首先看到就是桌面，桌面的组成元素主要包括桌面图标、桌面背景、任务栏等。图10-11所示为Windows 11的桌面。

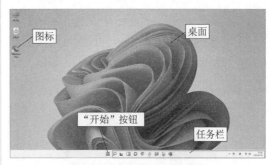

图 10-11 Windows 11 的桌面

10.2.1 桌面图标

Windows 11操作系统中，所有的文件、文件夹和应用程序等都是由相应的图标表示。桌面图标一般是由文字和图片组成，文字说明图标的名称或功能，图片是它的标识符。图10-12所示为"此电脑"的桌面图标。

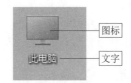

图 10-12 "此电脑"的桌面图标

用户双击桌面上的图标，可以快速地打开相应的文件、文件夹或者应用程序，例如双击桌面上的"回收站"图标，即可打开"回收站"窗口，如图10-13所示。

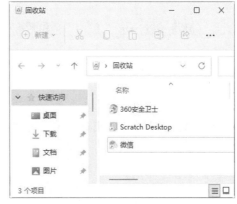

图 10-13 "回收站"窗口

10.2.2 桌面背景

桌面背景是指Windows 11桌面系统背景图案，也称为墙纸，用户可以根据需要设置桌面的背景图案。图10-14所示为Windows 11的默认桌面背景。

图 10-14 Windows 11 的默认桌面背景

10.2.3 任务栏

任务栏是位于桌面的最底部的长条，主要由"程序"区域、"通知"区域和"开始"按钮组成，如图10-15所示。和以前的系统相比，Windows 11中的任务栏设计更加人性化，使用更加方面、功能和灵活性更强大。用户按Alt+Tab组合键可以在不同的窗口之间进行切换操作。

图 10-15 任务栏

10.3 Windows 11的桌面图标

在Windows 11操作系统中，所有的文件、文件夹以及应用程序都有形象化的图标表示，在桌面上的图标被称为桌面图标，双击桌面图标可以快速打开相应的文件、文件夹或应用程序。

10.3.1 调出常用桌面图标

刚装好Windows 11操作系统时，桌面上只有"回收站"和"此电脑"两个桌面图标，用户可以调出其他常用桌面图标，具体的操作步骤如下。

Step 01 在桌面上空白处右击，在弹出的快捷菜单中选择"个性化"选项，如图10-16所示。

图 10-16 选择"个性化"选项

Step 02 弹出"设置-个性化"窗口，在其中选择"主题"选项，如图10-17所示。

图 10-17 "设置 - 个性化"窗口

Step 03 单击"桌面图标设置"超链接，弹出"桌面图标设置"对话框，在其中勾选需要添加的系统图标复选框，如图10-18所示。

Step 04 单击"确定"按钮，选择的图标即可在桌面上添加，如图10-19所示。

图 10-18　"桌面图标设置"对话框

图 10-19　添加桌面图标

10.3.2　添加桌面快捷图标

为方便使用，用户可以将文件、文件夹和应用程序的图标添加到桌面上，被添加的桌面图标被称为快捷图标。

1. 添加文件或文件夹图标

添加文件或文件夹图标的具体操作步骤如下。

Step 01 右击需要添加图标的文件夹，在弹出的快捷菜单中选择"发送到"→"桌面快捷方式"选项，如图10-20所示。

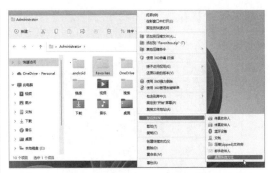

图 10-20　选择"发送到"→"桌面快捷方式"选项

Step 02 此文件夹图标就被添加到桌面上，如图10-21所示。

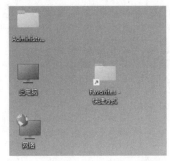

图 10-21　添加文件夹的桌面快捷图标

2. 添加应用程序桌面图标

用户可以将程序的快捷方式放置在桌面上。下面以添加"记事本"为例进行讲解，具体的操作步骤如下。

Step 01 单击"开始"按钮，在弹出的面板中选择"记事本"选项，如图10-22所示。

图 10-22　选择"记事本"选项

Step 02 按下鼠标左键不放，将其拖曳到桌面上，如图10-23所示。

图 10-23　拖曳"记事本"图标

Step 03 返回桌面，可以看到桌面上已经添加了一个"记事本"图标，如图10-24所示。

图 10-24　添加"记事本"桌面快捷图标

10.3.3　删除桌面不用图标

对于不常用的桌面图标，也可以将其删除，使桌面看起来简洁美观。删除桌面图标的方法有两种，下面分别进行介绍。

1.使用"删除"命令

这里以删除"记事本"为例进行讲解，具体的操作步骤如下。

Step 01 在桌面上选择"记事本"图标，右击在弹出的快捷菜单中选择"删除"选项，如图10-25所示。

Step 02 即可将桌面图标删除，删除的图标被放在"回收站"中，用户可以将其还原，如图10-26所示。

图 10-25　选择"删除"选项

图 10-26　选择"还原"选项

2.利用快捷键删除

选择需要删除的桌面图标，按下Delete键，即可将图标删除。如果想彻底删除桌面图标，按下Delete键的同时按下Shift键，此时会弹出"删除快捷方式"对话框，提示"你确定要永久删除此快捷方式吗？"，单击"是"按钮，如图10-27所示。

图 10-27　"删除快捷方式"对话框

10.3.4　将图标固定到任务栏

在Windows 11中取消了快速启动工具栏，若要快速打开程序，可以将程序锁定到任务栏。具体的方法如下。

方法1：如果程序已经打开，在任务栏上选择程序并右击，从弹出的快捷菜单中选择"固定到任务栏"选项，则任务栏上将会一直存在添加的应用程序，用户可以随时打开，如图10-28所示。

图 10-28　选择"固定到任务栏"选项

方法2：如果程序没有打开，选择"开始"→"所有应用"选项，在弹出的列表中选择需要添加到任务栏中的应用程序，右击并在弹出的快捷菜单中选择"固定到任务栏"选项，即可将该应用程序添加到任务栏中，如图10-29所示。

图 10-29　添加程序到任务栏

10.3.5　设置图标的大小及排列

当桌面上的图标比较多时，会显得很乱，这时可以通过设置桌面图标的大小和排列方式等来整理桌面，具体的操作步骤如下。

Step 01 在桌面的空白处右击，在弹出的快捷

菜单中选择"查看"选项，在弹出的子菜单中显示3种图标大小，包括大图标、中等图标和小图标，本实例选择"小图标"选项，如图10-30所示。

图 10-30　选择"小图标"选项

Step 02 返回桌面，此时桌面图标已经以小图标的方式显示，如图10-31所示。

图 10-31　以小图标方式显示桌面图标

Step 03 在桌面的空白处右击，然后在弹出的快捷菜单中选择"排序方式"选项，弹出的子菜单中有4种排列方式，分别为名称、大小、项目类型和修改日期，本实例选择"名称"选项，如图10-32所示。

图 10-32　选择"名称"选项

Step 04 返回桌面，图标的排列方式将按"名称"进行排列，如图10-33所示。

图 10-33　以名称方式排列桌面图标

10.4　Windows 11的窗口

在Windows 11操作系统中，窗口是用户界面中最重要的组成部分，用户可在任意窗口上工作，并在各窗口间交换信息，而且每个窗口负责显示和处理某一类信息。

10.4.1　窗口的组成元素

窗口是屏幕上与一个应用程序相对应的矩形区域，是用户与产生该窗口的应用程序之间的可视界面。当用户开始运行一个应用程序时，应用程序就创建并显示一个窗口；当用户操作窗口中的对象时，程序会做出相应的反应。用户通过关闭一个窗口来终止一个程序的运行，通过选择相应的应用程序窗口来选择相应的应用程序。

图10-34所示是"此电脑"窗口，由标题栏、菜单栏、地址栏、控制按钮区、搜索框、导航窗格、内容窗口等各个部分组成。

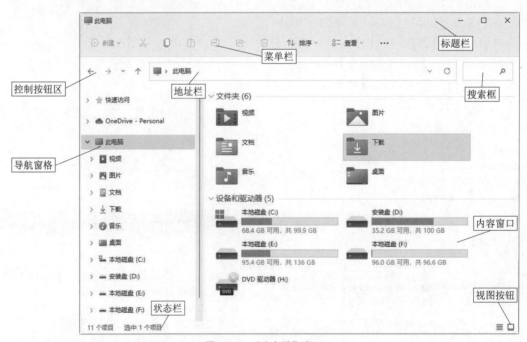

图 10-34　"此电脑"窗口

1. 标题栏

标题栏位于窗口的最上方，显示了当前的目录位置。标题栏右侧分别为"最小化""最大化/还原""关闭"三个按钮，单击相应的按钮可以执行相应的窗口操作。

2. 菜单栏

菜单栏位于标题栏下方，包含当前窗口或窗口内容的一些常用操作菜单，例如，单击"新建"按钮，在弹出的下拉菜单中可以新建不同类型的文档，还可以对选中的文档进行剪切、复制、重命名等操作，如图10-35所示。

图 10-35　菜单栏

3. 地址栏

地址栏位于菜单栏的下方，主要反映了从根目录开始到现在所在目录的路径，单击地址栏即可看到具体的路径。图10-36所示为表示"D盘"下"财务报表"文件夹目录下。

图 10-36　地址栏

在地址栏中直接输入路径地址，单击"前进"按钮→或按Enter键，可以快速到达要访问的位置。

4. 控制按钮区

控制按钮区位于地址栏的左侧，主要用于返回、前进、上移到前一个目录位置。单击按钮，打开下拉菜单，可以查看最近访问的位置信息，单击下拉菜单中的位置信息，可以实现快速进入该位置目录，如图10-37所示。

5. 搜索框

搜索框位于地址栏的右侧，通过在搜

索框中输入要查看信息的关键字，可以快速查找当前目录中相关的文件、文件夹。

图 10-37　控制按钮区

6. 导航窗格

导航窗格位于控制按钮区下方，显示了计算机中包含的具体位置，如快速访问、OneDrive、此电脑、网络等，用户可以通过左侧的导航窗格，快速访问相应的目录。另外，用户也可以单击导航窗格中的"展开"按钮∨和"收缩"按钮＞，显示或隐藏详细的子目录。

7. 内容窗口

内容窗口位于导航窗格右侧，是显示当前目录的内容区域，也叫工作区域。

8. 状态栏

状态栏位于导航窗格下方，会显示当前目录文件中的项目数量，也会根据用户选择的内容，显示所选文件或文件夹的数量、容量等属性信息。

9. 视图按钮

视图按钮位于状态栏右侧，包含"在窗口中显示每一项的相关信息"和"使用大缩略图显示项"两个按钮，用户可以单击选择视图方式。

10.4.2　打开与关闭窗口

打开与关闭窗口是窗口的基本操作，下面介绍打开与关闭窗口的方法。

1.打开窗口

在Windows 11中，双击应用程序图标，即可打开窗口。在"开始"面板、桌面快捷方式、快速启动工具栏中都可以打开程序的窗口，如图10-38所示。另外，也可以右击程序图标，在弹出的快捷菜单中选择"打开"选项，打开窗口，如图10-39所示。

图 10-38 双击应用程序图标

图 10-39 选择"打开"选项

2. 关闭窗口

窗口使用完后，用户可以将其关闭，常见的关闭窗口的方法有以下几种。

方法1：使用"关闭"按钮。

单击窗口右上角的"关闭"按钮，即可关闭当前窗口，如图10-40所示。

图 10-40 单击"关闭"按钮

方法2：使用标题栏。

在标题栏上右击，在弹出的快捷菜单中选择"关闭"选项即可，如图10-41所示。

图 10-41 选择"关闭"选项

方法3：使用任务栏。

在任务栏上选择需要关闭的程序，单击鼠标右键并在弹出的快捷菜单中选择"关闭所有窗口"选项，如图10-42所示。

图 10-42 选择"关闭所有窗口"选项

方法4：使用快捷键。

在当前窗口上按Alt+F4组合键，即可关闭窗口。

10.4.3 移动窗口的位置

默认情况下，在Windows 11操作系统中，如果打开多个窗口，会出现多个窗口重叠的现象，对此，用户可以将窗口移动到合适的位置，具体的操作步骤如下。

Step 01 将鼠标放在需要移动位置的窗口的标题栏上，鼠标此时是 形状，如图10-43所示。

图 10-43 选择要移动的窗口

Step 02 按住鼠标不放，拖曳到需要的位置，松开鼠标，即可完成窗口位置的移动，如图10-44所示。

图 10-44　完成窗口的移动

10.4.4　调整窗口的大小

默认情况下，打开的窗口大小和上次关闭时的大小一样。用户可以根据需要调整窗口的大小，下面以设置"画图"软件的窗口为例，讲述设置窗口大小的方法。

1. 利用窗口按钮设置窗口大小

"画图"窗口右上角的按钮包括"最大化/还原""最小化"和"关闭"三个按钮。单击"最大化"按钮，则"画图"窗口将扩展到整个屏幕，显示所有的窗口内容，此时"最大化"按钮变成"还原"按钮，单击该按钮，即可将窗口还原到原来的大小，如图10-45所示。

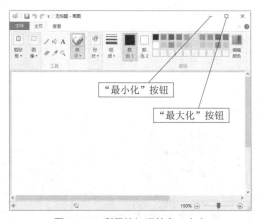

"最小化"按钮

"最大化"按钮

图 10-45　利用按钮调整窗口大小

单击"最小化"按钮，则"画图"窗口会最小化到"任务栏"栏上，用户要想显示窗口，需要单击"任务栏"上的程序图标。

2.手动调整窗口的大小

当窗口处于非最小化和最大化状态时，用户可以手动调整窗口的大小。具体的方法为：将鼠标指针移动到窗口的边缘，鼠标指针变为↕或⟺形状时，可上下或左右移动边框以纵向或横向改变窗口大小。指针移动到窗口的四个角时，鼠标指针会变为↖或↗形状，拖曳鼠标，可沿水平或垂直两个方向等比例放大或缩小窗口，如图10-46所示。

图 10-46　使用鼠标调整窗口大小

10.5　认识"开始"菜单

在Windows 11操作系统中，"开始"菜单以屏幕（Start Screen）的方式显示，这种方式具有很大的优势，因为照顾到了桌面和平板电脑用户。

10.5.1　认识"开始"菜单

单击桌面左下角的"开始"按钮，即可弹出"开始"菜单面板，主要由"用户名""推荐的项目""固定程序列表"等组成，如图10-47所示。

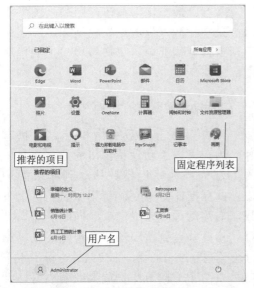

图 10-47 "开始"菜单面板

1. 用户名

在用户名区域显示了当前登录系统的用户，一般情况下用户名为Administrator，该用户为系统的管理员用户，如图10-48所示。

图 10-48 用户名

2. 推荐的项目

推荐的项目列表中显示了"开始"菜单中的常用程序，通过选择不同的选项，可以快速地打开应用程序，如图10-49所示。

图 10-49 最常用程序列表

3. 固定程序列表

在固定程序列表中包含"所有应用"选项、"设置"选项和"文件资源管理

器"选项，如图10-50所示。

图 10-50 固定程序列表

选择"文件资源管理器"选项，可以打开"文件资源管理器"窗口，在其中可以查看本台电脑的所有文件资源，如图10-51所示。

图 10-51 "文件资源管理器"窗口

选择"设置"选项，可以打开"设置"窗口，在其中可以选择相关的功能，对系统的设置、账户、时间和语言等内容进行设置，如图10-52所示。

图 10-52 "设置"窗口

选择"所有应用"选项，打开"所有应用"程序列表，用户在其中可以查看所有系统中安装的软件程序。单击列表中的文件夹的图标，可以继续展开相应的程序；单击"返回"按钮，即可隐藏所有程序列表，如图10-53所示。

图 10-53　程序列表

"电源"选项主要是用来对操作系统进行相关操作，包括"关机"和"重启"选项，如图10-54所示。

图 10-54　"电源"选项

10.5.2　将应用程序固定到"开始"屏幕

在Windows 11操作系统当中，用户可以将常用的应用程序或文档固定到"开始"屏幕当中，以方便快速查找与打开。将应用程序固定到"开始"屏幕的操作步骤如下。

Step 01 打开程序列表，选中需要固定到"开始"屏幕之中的程序图标，右击该图标，

在弹出的快捷菜单中选择"固定到'开始'屏幕"选项，如图10-55所示。

Step 02 随即将该程序固定到"开始"屏幕当中，如图10-56所示。

图 10-55　选择"固定到'开始'屏幕"选项

图 10-56　固定选中的程序

💡提示：如果想要将某个程序从"开始"屏幕中删除，可以先选中该程序图标，然后右击，在弹出的快捷菜单中选择"从'开始'屏幕取消固定"选项即可，如图10-57所示。

图 10-57　取消程序的固定

10.6　高效办公技能实战

10.6.1　实战1：创建多个"桌面"

通过虚拟桌面功能，可以为一台电脑

创建多个桌面。下面以创建一个办公桌面和一个娱乐桌面为例，来介绍多桌面的使用方法与技巧。使用虚拟桌面创建办公桌面与娱乐桌面的具体操作步骤如下。

Step 01 单击系统桌面上的"任务视图"按钮，进入虚拟桌面操作界面，如图10-58所示。

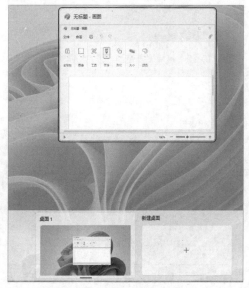

图 10-58　虚拟桌面操作界面

Step 02 单击"新建桌面"按钮，即可新建一个桌面，系统会自动为其命名为"桌面2"，如图10-59所示。

图 10-59　新建"桌面2"

Step 03 进入"桌面1"操作界面，在其中右击任意一个窗口图标，在弹出的快捷菜单中选择"移动到"→"桌面2"选项，即可将其移动到"桌面2"之中，如图10-60所示。

Step 04 使用相同的方法，将其他的文件夹窗口图标移至"桌面2"之中，此时"桌面1"中只剩下一个文件窗口，如图10-61所示。

图 10-60　选择"移动到"→"桌面2"选项

图 10-61　移动到"桌面2"

Step 05 选择"桌面2"，进入"桌面2"操作系统当中，可以看到移动之后的文件窗口，这样既可将办公与娱乐分在两个桌面之中，如图10-62所示。

图 10-62　分类显示不同的桌面

Step 06 如果想要删除桌面，则可以单击桌面右上角的"删除"按钮，将选中的桌面删除，如图10-63所示。

图 10-63　删除桌面

10.6.2 实战2：显示文件的扩展名

Windows 11默认情况下并不显示文件的扩展名，用户可以通过设置显示文件的扩展名，具体的操作步骤如下。

Step 01 打开"此电脑"窗口，然后单击 ··· 按钮，在弹出的下拉列表中选择"选项"选项，如图10-64所示。

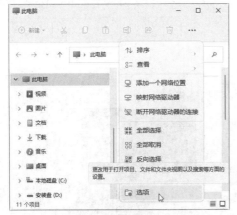

图 10-64 选择"选项"选项

Step 02 打开"文件夹选项"对话框，选择"查看"选项卡，在"高级设置"列表框中不勾选"隐藏已知文件类型的扩展名"复选框，如图10-65所示。

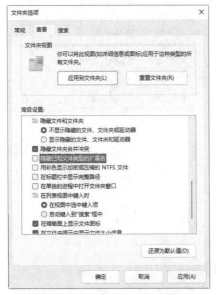

图 10-65 "文件夹选项"对话框

Step 03 此时打开一个文件夹，用户便可以查看到文件的扩展名，如图10-66所示。

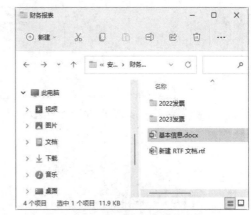

图 10-66 显示文件的扩展名

🔊提示：在"此电脑"窗口中单击"查看"按钮，在弹出的下拉列表中选择"显示"→"文件扩展名"选项，可以快速显示文件的扩展名，如图10-67所示。

图 10-67 选择"显示"→"文件扩展名"选项

第11章 个性化Windows 11操作系统

作为新一代的操作系统,Windows 11进行了重大的变革,不仅延续了Windows家族的传统,而且带来了更多新的体验,包括一些个性化设置。本章介绍个性化Windows 11操作系统的方法。

11.1 个性化桌面

Windows 11操作系统桌面的个性化设置主要包括两个方面,分别是桌面背景和桌面图标,下面分别进行介绍。

11.1.1 自定义桌面背景

桌面背景可以是个人收集的数字图片、Windows提供的图片、纯色或带有颜色框架的图片,也可以显示幻灯片图片。自定义桌面背景的具体操作步骤如下。

Step 01 在桌面的空白处右击,在弹出的快捷菜单中选择"个性化"选项,如图11-1所示。

图 11-1 选择"个性化"选项

Step 02 打开"设置-个性化"窗口,在其中选择"背景"选项,如图11-2所示。

Step 03 单击"个性化设置背景"右侧的下拉按钮,在弹出的下拉列表中可以对背景的样式进行设置,包括图片、纯色和幻灯片放映,如图11-3所示。

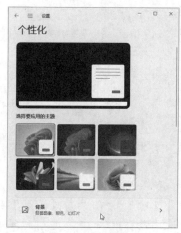

图 11-2 选择"背景"选项

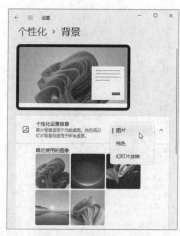

图 11-3 背景样式的设置

Step 04 如果选择"纯色"选项,可以在下方的界面中选择相关的颜色,选择完毕后,可以在"预览"区域查看背景效果,如图11-4所示。

图 11-4 "纯色"选项

Step 05 如果选择"幻灯片放映"选项，则可以在下方的界面中设置幻灯片图片的播放频率、播放顺序等信息，如图11-5所示。

图 11-5 "幻灯片放映"选项

Step 06 如果选择"图片"选项，则可以单击下方界面中的"选择契合度"右侧的下拉按钮，在弹出的下拉列表中选择图片契合度，包括填充、适应、拉伸等选项，如图11-6所示。

Step 07 单击"选择一张照片"右侧的"浏览图片"按钮，打开"打开"对话框，在其中可以选择某个图片作为桌面的背景，如

图11-7所示。

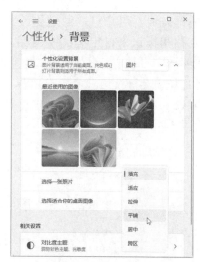

图 11-6 "图片"选项

图 11-7 "打开"对话框

Step 08 单击"选择图片"按钮，返回"设置-个性化"窗口，可以在"预览"区域查看预览效果，如图11-8所示。

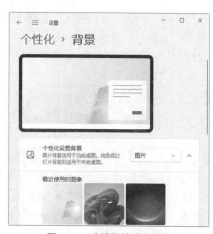

图 11-8 选择图片作为背景

157

11.1.2 自定义桌面图标

根据需要，用户可以通过更改桌面图标的名称和标识来自定义桌面图标，具体的操作步骤如下。

Step 01 选择需要修改名称的桌面图标，单击鼠标右键，在弹出的快捷菜单中选择"重命名"选项，如图11-9所示。

图 11-9　选择"重命名"选项

Step 02 进入图标的编辑状态，直接输入名称，按Enter键确认名称的重命名，如图11-10所示。

图 11-10　完成图标的重命名

Step 03 在桌面上空白处右击，在弹出的快捷菜单中选择"个性化"选项，弹出"设置-个性化"窗口，在其中选择"主题"选项，如图11-11所示。

Step 04 进入"个性化-主题"对话框，单击"桌面图标设置"超链接，如图11-12所示。

Step 05 弹出"桌面图标设置"对话框，在"桌面图标"选项卡中选择要更改标识的桌面图标，本实例选择"计算机"选项，然后单击"更改图标"按钮，如图11-13所示。

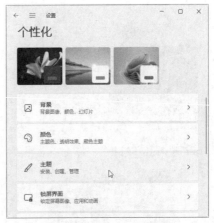

图 11-11　选择"主题"选项

图 11-12　"个性化 - 主题"对话框

图 11-13　"桌面图标设置"对话框

Step 06 弹出"更改图标"对话框，在"从以下列表中选择一个图标"列表框中选择一个自己喜欢的图标，然后单击"确定"按钮，如图11-14所示。

图11-14　"更改图标"对话框

Step 07 返回"桌面图标设置"对话框，可以看出"计算机"的图标已经更改，单击"确定"按钮，如图11-15所示。

图11-15　"计算机"的图标已更改

Step 08 返回桌面，可以看出"计算机"的图标已经发生了变化，如图11-16所示。

图11-16　自定义桌面图标

11.2　个性化主题

Windows 11操作系统的主题采用了新的主题方案，该主题方案具有无边框设计的窗口、扁平化设计的图标等，使其更具现代科技感。对主题进行个性化设置，可以使主题符合自己的要求与使用习惯。

11.2.1　设置背景主题色

Windows 111默认的背景主题色为黑色，如果用户不喜欢，则可以对其进行修改，具体的操作步骤如下。

Step 01 在桌面的空白处右击，在弹出的快捷菜单中选择"个性化"选项，打开"设置-个性化"窗口，在其中选择"颜色"选项，如图11-17所示。

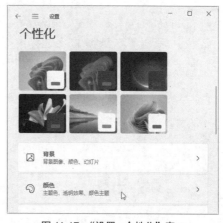

图11-17　"设置 - 个性化"窗口

Step 02 打开"个性化-颜色"窗口，在其中可以对主题的透明效果、选择模式等进行设置，默认情况下，选择模式为"浅色"，如图11-18所示。

图 11-18　"个性化 - 颜色"窗口

Step 03 单击"主题色"右侧的 ∨ 按钮，可以在弹出的下拉列表中选择"手动"或"自动"，如图11-19所示。

图 11-19　选择主题色方式

Step 04 当选择"手动"选项后，下方会显示"最近使用的颜色"和"Windows颜色"设置区域，用户可以根据需要选择背景主题色，这里选择"浅绿色"，如图11-20所示。

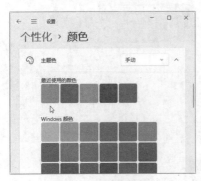

图 11-20　选择颜色

Step 05 如果Windows颜色设置区域不能满足需要，还可以自定义主题颜色，这时需要单击"自定义颜色"右侧的"查看颜色"按钮，如图11-21所示。

图 11-21　单击"查看颜色"按钮

Step 06 打开"选择自定义主题色"对话框，在其中可以选择自己需要的颜色，最后单击"完成"按钮，即可完成自定义主题色的设置，如图11-22所示。

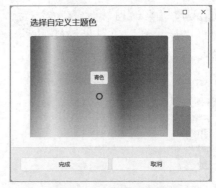

图 11-22　自定义主题颜色

11.2.2　设置屏幕保护程序

当在指定的一段时间内没有使用鼠标或键盘后，屏幕保护程序就会出现在计算机的屏幕上，此程序为移动的图片或图案。屏幕保护程序最初用于保护较旧的单色显示器免遭损坏，但现在主要是个性化计算机或通过提供密码保护来增强计算机安全性的一种方式。

设置屏幕保护的具体操作步骤如下。

Step 01 在桌面的空白处单击鼠标右键，在弹出的快捷菜单中选择"个性化"选项，打开"设置-个性化"窗口，在其中选择"锁屏界面"选项，如图11-23所示。

图 11-23　选择"锁屏界面"选项

Step 02 在"锁屏界面"设置窗口中单击"屏幕超时"超链接，如图11-24所示。

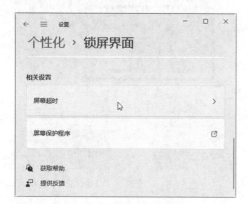

图 11-24　"锁屏界面"设置窗口

Step 03 打开"电源"设置界面，在其中可以设置屏幕和睡眠时间，如图11-25所示。

图 11-25　设置屏幕和睡眠时间

Step 04 在"锁屏界面"设置窗口中单击"屏幕保护程序"超链接，打开"屏幕保护程序设置"对话框，勾选"在恢复时显示登录屏幕"复选框，如图11-26所示。

图 11-26　"屏幕保护程序设置"对话框

Step 05 在"屏幕保护程序"下拉列表中选择系统自带的屏幕保护程序，本实例选择"气泡"选项，此时在上方的预览框中可以看到设置后的效果，如图11-27所示。

图 11-27　选择屏幕保护程序

Step 06 在"等待"微调框中设置等待的时间，本实例设置为5分钟，如图11-28所示。

Step 07 设置完成后，单击"确定"按钮，这样，如果用户在5分钟内没有对计算机进行任何操作，系统会自动启动屏幕保护程序。

图 11-28　设置等待时间

11.2.3　设置电脑主题

　　主题是桌面背景图片、窗口颜色和声音的组合，用户可对主题进行设置，具体的操作步骤如下。

Step 01 在桌面的空白处右击，在弹出的快捷菜单中选择"个性化"选项，打开"设置-个性化"窗口，在其中选择"主题"选项，如图11-29所示。

图 11-29　"设置 - 个性化"窗口

Step 02 在打开的"个性化-主题"窗口中可以查看Windows默认主题样式，并在下方显示该主题的桌面背景、颜色、声音和鼠标光标等信息，如图11-30所示。

图 11-30　默认 Windows 主题样式

Step 03 单击主题下方的"背景"超链接，可以在打开的"个性化-背景"窗口中设置主题的桌面背景，如图11-31所示。

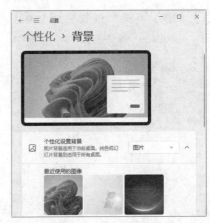

图 11-31　"个性化 - 背景"窗口

Step 04 单击"颜色"超链接，可以在打开的"个性化-颜色"窗口中设置主题的颜色，如图11-32所示。

图 11-32　"个性化 - 颜色"窗口

Step 05 单击"声音"超链接，打开"声音"对话框，在其中可以设置主题的声音效果，如图11-33所示。

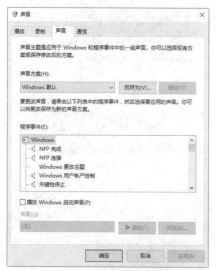

图 11-33 "声音"对话框

Step 06 单击"鼠标光标"超链接，打开"鼠标 属性"对话框，在其中可以设置鼠标相关选项，如图11-34所示。

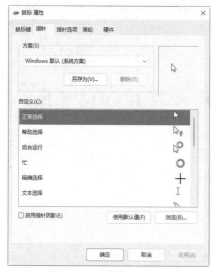

图 11-34 "鼠标 属性"对话框

Step 07 除了系统默认主题外，用户还可以自定义主题样式，在当前主题设置区域中可以选择自定义主题样式，如图11-35所示。

Step 08 还可以从Microsoft Store获取更多主题，这里单击"浏览主题"按钮，在打开

的Microsoft Store商城中可以搜索并下载需要的主题样式，如图11-36所示。

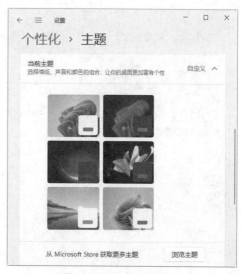

图 11-35 自定义主题样式

图 11-36 搜索并下载主题

11.2.4 设置锁屏界面

Windows 11操作系统的锁屏功能主要用于保护计算机的隐私安全，又可以保证在不关机的情况下省电，其锁屏所用的图片被称之为锁屏界面。

设置锁屏界面的具体操作步骤如下。

Step 01 在桌面的空白处右击，在弹出的快捷菜单中选择"个性化"选项，打开"设置-个性化"窗口，在其中选择"锁屏界面"

选项，进入"锁屏界面"窗口，如图11-37所示。

图 11-37 "锁屏界面"窗口

Step 02 单击"个性化锁屏界面"右侧的"Windows聚焦"下拉按钮，在弹出的下拉列表中可以设置用于锁屏的背景，包括图片、Windows聚焦和幻灯片三种类型，如图11-38所示。

图 11-38 设置锁屏背景

Step 03 选择"图片"选项，可以在"预览"区域查看设置的锁屏图片样式，如图11-39所示。

Step 04 除了设置锁屏图片外，还可以设置锁屏界面的其他状态，如在锁屏界面上显示日历，是否在锁屏界面上获取花絮、提示、技巧等，如图11-40所示。

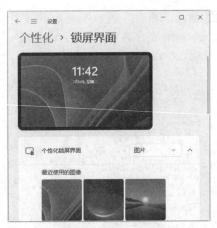

图 11-39 预览锁屏界面

图 11-40 进入锁屏状态

11.3 电脑字体的个性化

在Windows 11操作系统中，包括多种字体样式，可供用户选择，而且用户还可以根据自己的需要对字体进行添加、删除、隐藏与显示操作，对于一些不用的字体，可以将其删除。

11.3.1 字体设置

通过字体设置，用户可以隐藏不适用于输入语言设置的字体，还可以选择安装字体文件的快捷方式而不是安装该字体文件本身。设置字体的具体操作步骤如下。

Step 01 双击桌面上的"控制面板"图标，如图11-41所示。

图 11-41　"控制面板"图标

Step 02 打开"控制面板"窗口，在其中单击"字体"超链接，如图11-42所示。

图 11-42　"控制面板"窗口

Step 03 打开"字体"窗口，单击窗口左侧的"字体设置"超链接，如图11-43所示。

图 11-43　"字体"窗口

Step 04 打开"字体设置"窗口，在其中通过勾选相应的复选框来对字体进行设置，设置完毕后，单击"确定"按钮，即可保存设置，如图11-44所示。

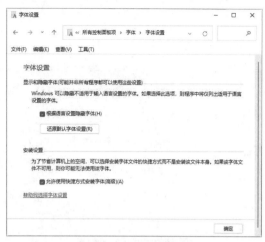

图 11-44　"字体设置"窗口

11.3.2　隐藏与显示字体

对于不经常使用的字体，用户可以将其隐藏，当再次需要该字体格式时，可以将其显示出来。隐藏与显示字体的具体操作步骤如下。

Step 01 在"字体"窗口中，选中需要隐藏的字体图标，单击"隐藏"按钮，即可将该字体隐藏起来，隐藏起来的字体图标以透明状态显示，如图11-45所示。

图 11-45　隐藏字体图标

Step 02 在"字体"窗口中，选中需要显示的字体图标，单击"显示"按钮，即可将隐藏的字体显示出来，如图11-46所示。

图 11-46　显示字体图标

11.3.3　添加与删除字体

Windows 11操作系统自带的字体是有限的，如果用户想要显示出比较个性化的字体，就需要在系统中添加字体了；而对于不常用的字体，可以将其删除。添加与删除字体的具体操作步骤如下。

Step 01 从网络中下载自己需要的字体，然后选中需要添加到系统中的字体列表，单击鼠标右键，在弹出的快捷菜单中选择"复制"选项，如图11-47所示。

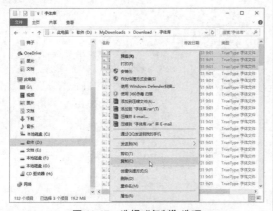

图 11-47　选择"复制"选项

Step 02 打开"字体"窗口，在"组织"下方的窗格中单击鼠标右键，在弹出的快捷菜单中选择"粘贴"选项，如图11-48所示。

Step 03 即可开始安装需要添加的字体文件，并弹出"正在安装字体"对话框，在其中

显示安装的进度条，如图11-49所示。

图 11-48　选择"粘贴"选项

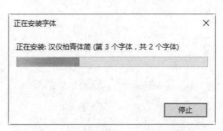

图 11-49　"正在安装字体"对话框

Step 04 安装完毕后，在"字体"窗口"组织"下方的窗格中可以查看添加的字体，如图11-50所示。

图 11-50　显示安装的字体

🔊提示：除上述通过复制的方法添加字体外，用户还可以通过直接安装字体文件的方法来添加字体。双击下载的字体文件，打开字体文件介绍窗口（如图11-51所示），或选中字体文件，然后单击鼠标右

键，在弹出的快捷菜单中选择"安装"选项（如图11-52所示），均可打开"正在安装字体"对话框，进行字体添加，如图11-53所示。

图 11-51 字体文件介绍窗口

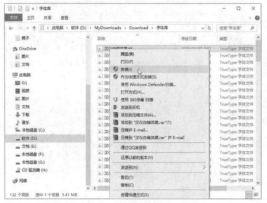

图 11-52 选择"安装"选项

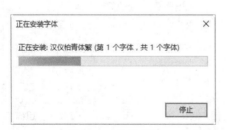

图 11-53 安装字体

Step 05 选中需要删除的字体，单击"删除"按钮，即可打开"删除字体"信息提示框，单击"是"按钮，即可将选中的字体删除，如图11-54所示。

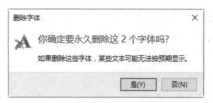

图 11-54 "删除字体"信息提示框

11.3.4 调整显示字体大小

通过对显示的设置，可以让桌面字体变得更大，具体的操作步骤如下。

Step 01 在系统桌面上单击鼠标右键，在弹出的快捷菜单中选择"显示设置"选项，如图11-55所示。

图 11-55 选择"显示设置"选项

Step 02 打开"系统-显示"窗口，在其中可以对亮度、颜色、规模和布局进行设置，如图11-56所示。

图 11-56 "系统-显示"窗口

Step 03 单击"规模与布局"右侧的"〉"按钮，进入"系统-显示-自定义缩放"窗口，选择"文本大小"选项，如图11-57所示。

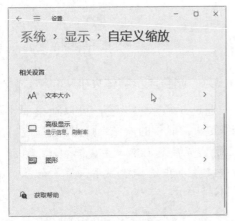

图 11-57　选择"文本大小"选项

Step 04 进入"辅助功能-文本大小"窗口，单击文本大小下方的滑动条，通过增大其百分比，可以更改桌面字体的大小，如图11-58所示。

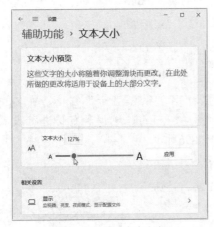

图 11-58　修改文本大小

11.3.5　调整ClearType文本

ClearType是Windows 11系统中的一种字体显示技术，可提高LCD显示器字体的清晰及平滑度，使计算机屏幕的文字看起来和纸上打印的一样清晰明了。通过ClearType文本调谐器来微调ClearType的设置，可以改善显示效果，具体的操作步骤如下。

Step 01 在桌面的空白处右击，在弹出的快捷菜单中选择"个性化"选项，打开"设置-个性化"窗口，在其中选择"字体"选项，如图11-59所示。

图 11-59　选择"字体"选项

Step 02 打开"个性化-字体"窗口，在其中单击"调整ClearType文本"超链接，如图11-60所示。

图 11-60　单击"调整 ClearType 文本"超链接

Step 03 打开"ClearType文本调谐器"窗口，在其中勾选"启用ClearType"复选框，如图11-61所示。

Step 04 单击"下一步"按钮，打开"ClearType文本调谐器"窗口，提示用户"Windows正在确保将你的监视器设置为其本机分辨率"，如图11-62所示。

图 11-61 "ClearType 文本调谐器"窗口

图 11-62 设置本机分辨率

Step 05 单击"下一步"按钮，打开"ClearType文本调谐器"窗口，在其中单击看起来最清晰的文本示例（5-1），如图11-63所示。

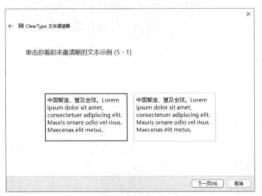

图 11-63 选择清晰的文本示例（5-1）

Step 06 单击"下一步"按钮，打开"ClearType文本调谐器"窗口，在其中单击看起来最清晰的文本示例（5-2），如图11-64所示。

图 11-64 选择清晰的文本示例（5-2）

Step 07 单击"下一步"按钮，打开"ClearType文本调谐器"窗口，在其中单击看起来最清晰的文本示例（5-3），如图11-65所示。

图 11-65 选择清晰的文本示例（5-3）

Step 08 单击"下一步"按钮，打开"ClearType文本调谐器"窗口，在其中单击看起来最清晰的文本示例（5-4），如图11-66所示。

图 11-66 选择清晰的文本示例（5-4）

Step 09 单击"下一步"按钮，打开

"ClearType文本调谐器"窗口，在其中单击看起来最清晰的文本示例（5-5），如图11-67所示。

图 11-67　选择清晰的文本示例（5-5）

Step 10 单击"下一步"按钮，打开"ClearType文本调谐器"窗口，提示用户已经完成对监视器中文本的调谐，如图11-68所示。最后单击"完成"按钮，完成对ClearType文本的调整。

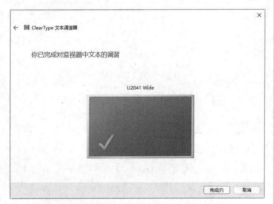

图 11-68　完成对 ClearType 文本的调整

11.4　设置鼠标和键盘

键盘和鼠标是电脑办公常用的输入设备，通过对键盘和鼠标的个性化设置，可以使电脑符合自己的使用习惯，从而提高办公效率。

11.4.1　鼠标的设置

对鼠标的自定义设置，主要包括鼠标键配置、双击速度、鼠标指针和移动速度等方面的设置，具体的操作步骤如下。

Step 01 打开"控制面板"窗口，在其中单击"鼠标"超链接，如图11-69所示。

图 11-69　单击"鼠标"超链接

Step 02 打开"鼠标 属性"对话框，在"鼠标键"选项卡中可以设置鼠标键的配置、双击的速度等属性，如图11-70所示。

图 11-70　"鼠标 属性"对话框

Step 03 选择"指针"选项卡，在其中可以对鼠标指针的方案，以及鼠标指针样式进行设置，如图11-71所示。

Step 04 选择"指针选项"选项卡，在其中可以对鼠标移动的速度、鼠标的可见性等属性进行设置，如图11-72所示。

Step 05 选择"滑轮"选项卡，在其中可以对鼠标的垂直滚动行数和水平滚动字符进行设置，如图11-73所示。

图 11-71 设置鼠标指针方案

图 11-72 设置鼠标指针选项

图 11-73 设置鼠标滑轮参数

11.4.2 键盘的设置

对键盘的设置，主要从光标闪烁速度和字符重复速度两个方面进行，具体的操作步骤如下。

Step 01 在"控制面板"窗口中单击"键盘"超链接，如图11-74所示。

图 11-74 单击"键盘"超链接

Step 02 打开"键盘 属性"对话框，在其中可以设置字符重复速度和光标闪烁速度，如图11-75所示。

图 11-75 "键盘 属性"对话框

11.5 高效办公技能实战

11.5.1 实战1：我用左手使用鼠标怎么办

通过对鼠标键的设置，可以使鼠标适

应左手用鼠标用户的使用习惯，具体的方法为：在"鼠标 属性"对话框中选择"鼠标键"选项卡，然后勾选"切换主要和次要的按钮"复选框，单击"确定"按钮即可完成设置，如图11-76所示。

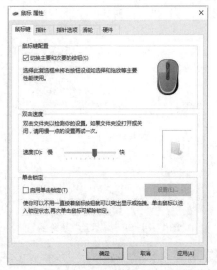

图 11-76　"鼠标 属性"对话框

11.5.2　实战2：取消开机锁屏界面

电脑的开机锁屏界面会给人以绚丽的视觉效果，但会影响开机的速度，用户可以根据需要取消系统启动后的锁屏界面，具体的操作步骤如下。

Step 01 按Win+R组合键，打开"运行"对话框，输入gpedit.msc命令，按Enter键或单击"确定"按钮，如图11-77所示。

图 11-77　"运行"对话框

Step 02 打开"本地组策略编辑器"窗口，单击"计算机配置"→"管理模板"→"控制面板"→"个性化"选项，在"设置"列表框中双击"不显示锁屏"选项，如图11-78所示。

图 11-78　"本地组策略编辑器"窗口

Step 03 打开"不显示锁屏"对话框，选中"已启用"单选按钮，单击"确定"按钮，即可取消显示开机锁屏界面，如图11-79所示。

图 11-79　"不显示锁屏"对话框

第12章 电脑常见故障的处理

电脑的核心部件包括主板、内存、CPU、硬盘、显卡、电源和显示器等，任何一个硬件出现问题都会造成电脑不能正常使用。电脑故障使用户非常头疼，不知如何下手处理，其实很多电脑故障用户都可以自行解决。本章为读者介绍电脑常见故障的处理方法与技巧。

12.1 电脑蓝屏故障的处理

蓝屏是电脑常见的故障之一，那么蓝屏是什么原因引起的呢？电脑蓝屏和硬件关系较大，其主要原因有硬件芯片损坏、硬件驱动安装不兼容、硬盘出现坏道（包括物理坏道和逻辑坏道）、CPU温度过高、多条内存不兼容等。

12.1.1 启动系统时出现蓝屏

系统在启动过程中出现如图12-1所示的显示信息，我们将其称作蓝屏。

图 12-1 系统蓝屏窗口

下面介绍几种引起电脑开机时蓝屏的常见故障原因及解决方法。

1. 多条内存条的互不兼容或损坏引起运算错误

这是个比较直观的现象，因为这个现象往往在开机的时候就可以见到，如不能启动电脑，并且画面提示内存有问题，电脑会询问用户是否要继续。造成这种错误提示的原因一般是内存条的物理损坏或者内存与其他硬件不兼容，这个故障只能通过更换内存条来解决。

2. 系统硬件冲突

硬件冲突导致蓝屏的现象也比较常见，经常遇到的是声卡或显卡的设置冲突，可以重复按主机上的重启按钮，如果还可以进入操作系统，可以使用以下方法解决。

Step 01 双击桌面上的"控制面板"图标，进入"所有控制面板项"窗口，如图12-2所示。

图 12-2 "所有控制面板项"窗口

Step 02 单击"设备管理器"超链接，打开"设备管理器"窗口，如图12-3所示，在其中的列表框中检查是否存在带有黄色问号或感叹号的设备，如果存在这样的设备，用户可先将其删除，然后重新启动电脑。

💡 **提示：** 带有黄色问号表示该设备的驱动未安装，带有感叹号表示该设备的驱动安装的版本错误。用户可以从设备官方网站下载正确的驱动包进行安装，或者在随机赠送的驱动盘中找到正确的驱动程序进行安装。

图 12-3 "设备管理器"窗口

12.1.2 系统正常运行时出现蓝屏

系统在运行过程中由于某种操作，甚至没有任何操作就直接出现蓝屏，该如何解决呢？下面介绍几种常见的系统运行过程中出现蓝屏的原因及解决办法。

1. 虚拟内存不足造成系统多任务运算错误

虚拟内存是Windows系统所特有的一种解决系统资源不足的方法，一般要求主引导区的硬盘剩余空间是物理内存的2~3倍。由于种种原因造成硬盘空间不足，导致虚拟内存因硬盘空间不足而出现运算错误，所以就会出现蓝屏。

要解决这个问题比较简单，尽量不要把硬盘存储空间占满，要经常删除一些系统产生的临时文件，从而释放存储空间，或者可以手动配置虚拟内存，把虚拟内存的默认地址转到其他的逻辑盘下。

虚拟内存的具体设置方法如下。

Step 01 右击桌面上的"此电脑"图标，在弹出的快捷菜单中选择"属性"选项，如图12-4所示。

Step 02 打开"系统-关于"窗口，单击窗格下方的"高级系统设置"超链接，如图12-5所示。

图 12-4 选择"属性"选项

图 12-5 "系统 - 关于"窗口

Step 03 弹出"系统属性"对话框，选择"高级"选项卡，然后在"性能"选项组中单击"设置"按钮，如图12-6所示。

图 12-6 "系统属性"对话框

Step 04 弹出"性能选项"对话框，其中包括

"视觉效果""高级""数据执行保护"3个选项卡，如图12-7所示。

图12-7 "性能选项"对话框

Step 05 切换到"高级"选项卡，在其中单击"更改"按钮，如图12-8所示。

图12-8 "高级"选项卡

Step 06 弹出"虚拟内存"对话框，在其中设置系统虚拟内存选项，如图12-9所示，单击"确定"按钮，然后重新启动电脑。

图12-9 "虚拟内存"对话框

"虚拟内存"对话框中的参数含义如下。

（1）"自动管理所有驱动器的分页文件大小"复选框：选中该复选框，Windows 11自动管理系统虚拟内存，用户无须对虚拟内存做任何设置。

（2）"自定义大小"单选按钮：根据实际需要在"初始大小"和"最大值"文本框中输入虚拟内存在某个盘中的最小值和最大值，然后单击"设置"按钮。一般虚拟内存的最小值是实际内存的1.5倍，最大值是实际内存的3倍。

（3）"系统管理的大小"单选按钮：选中该单选按钮，系统将会根据实际内存的大小自动管理系统在某盘中的虚拟内存大小。

（4）"无分页文件"单选按钮：如果电脑的物理内存较大，则无须设置虚拟内存，用户可以直接选中该单选按钮，然后单击"设置"按钮。

2.CPU超频导致运算错误

CPU超频在一定范围内可以提高电脑的运行速度，就其本身而言，就是在其原有的基础上达到更高的性能。这对CPU来说是一种超负荷的工作，CPU主频变高，运行速度变快，但由于进行了超载运算，造成其内部运算过多，使CPU过热，从而导致系统运算错误。

如果因为超频引起电脑蓝屏，在BIOS中取消CPU超频设置，具体的设置根据不同的BIOS版本而定。

3. 温度过高引起蓝屏

由于机箱散热性问题或者天气本身比较炎热，机箱内CPU温度过高，电脑硬件系统出于自我保护停止工作。

温度过高的原因可能是CPU超频、风扇转速不正常、散热功能不好或者CPU表面上的硅脂没有涂抹均匀。如果不是超频的原因，最好更换CPU风扇或把硅脂涂抹均匀。

12.2 电脑死机故障的处理

死机是指系统无法从一个系统错误中恢复过来或系统硬件层面出现问题，以致系统长时间无响应，而不得不重新启动电脑的现象。它属于电脑运作的一种正常现象，任何电脑都会出现这种情况，其中蓝屏也是一种常见的死机现象。

12.2.1 "真死机"与"假死机"

电脑死机根据表现症状的不同分为"真死机"和"假死机"，这两个概念没有严格的标准。

"真死机"是指电脑没有任何反应，鼠标、键盘也无任何反应。

"假死机"是指某个程序或者进程出现问题，系统反应极慢，显示器输出画面无变化，但键盘、硬盘指示灯有反应，当运行一段时间之后系统有可能恢复正常。

12.2.2 系统故障导致死机

Windows操作系统的系统文件丢失或

被破坏时，无法正常进入操作系统，或者"勉强"可以进入操作系统，但无法正常操作电脑，电脑容易死机。

对于一般的操作人员，在使用电脑时要隐藏受系统保护的文件，以免误删系统文件从而破坏系统。下面详细介绍隐藏受保护的系统文件的方法。

Step 01 双击桌面上的"此电脑"图标，打开"此电脑"窗口，单击 ••• 按钮，在弹出的下拉列表中选择"选项"选项，如图12-10所示。

图 12-10 "此电脑"窗口

Step 02 弹出"文件夹选项"对话框，选择"查看"选项卡，在其下面的列表框中勾选"隐藏受保护的操作系统文件（推荐）"复选框，如图12-11所示，单击"确定"按钮。

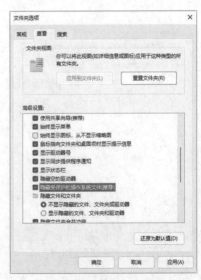

图 12-11 "查看"选项卡

12.2.3　特定软件故障导致死机

一些用户对电脑的工作原理并不是十分了解，为了保证电脑稳定工作，甚至会在一台电脑中安装多个杀毒软件或多个防火墙软件，造成多个软件对系统的同一资源调用或者系统资源耗尽而死机。当电脑出现死机时，可以通过查看开机自启动项排查原因。因为许多应用程序为了用户方便，都会在安装完以后自动添加到Windows自启动项中。下面介绍详细的操作步骤。

Step 01 在系统桌面上右击 ▦ 图标，在弹出的菜单中选择"任务管理器"选项，如图12-12所示。

图 12-12　选择"任务管理器"选项

Step 02 弹出"任务管理器"窗口，选择"启动"选项卡，该选项卡中的加载项全部禁用，然后逐一加载，观察系统在加载哪个程序时出现死机现象，就能查出具体的死机原因了，如图12-13所示。

图 12-13　"启动"选项卡

12.3　网络故障的处理

本节主要介绍常见的网络连接故障，包括无法上网、无法打开网页、网速很慢。

12.3.1　无法上网

无法上网的原因可能有以下几种。

1. 无法发现网卡

故障表现：一台电脑在正常使用过程中突然显示网络线缆没有插好，但是网卡的LED指示灯却是亮的。于是重新进行网络连接，正常工作了一段时间，同样的故障又出现了，而且提示找不到网卡。打开"设备管理器"窗口，多次刷新也找不到网卡。打开机箱更换PCI插槽后，故障依然存在。于是使用替换法，将网卡卸下，插入另一台正常运行的电脑，故障消除。

故障分析：根据故障表现可以看出，故障发生在电脑上。一般情况下，板卡丢失后，可以通过更换插槽的方式重新安装，这样可以解决因为接触不良或驱动问题导致的故障。既然通过上述方法并没有解决问题，那么无法发现网卡的原因应该与操作系统或主板有关。

故障排除：首先重新安装操作系统，并安装系统安全补丁。同时，在网卡的官方网站下载并安装最新的网卡驱动程序。如果不能排除故障，这就说明是主板的问题。先为主板安装驱动程序，重新启动电脑后测试一下，如果故障仍然存在，建议更换主板，这样即可排除故障。

2. 网线故障

故障表现：假设公司的局域网内有6台电脑，相互访问速度非常慢，对所有的电脑都进行了杀毒处理，并安装了系统安全补丁，没有发现异常，更换一台新的交换机后，故障依然存在。

故障分析：既然更换交换机仍然不能解决问题，说明故障和交换机没有关系，可以从网线和主机方面进行排除。

故障排除：首先测试网线，用户可以使用网线测试仪测试网线是否正常。其次，如果网线没有问题，可以检查网卡是否有故障。网卡损坏也会导致广播风暴，从而严重影响局域网的速度。建议将所有网线从交换机上拔下来，然后一个一个地插入，测试哪个网卡已损坏，换掉坏的网卡，即可排除故障。

3. 无法连接、连接受限

故障表现：一台电脑不能上网，网络连接显示连接受限，并有一个黄色叹号，重新建立连接后，故障仍然无法排除。

故障分析：用户首先需要考虑的问题是上网的方式，如果是指定用户名和密码，此时用户需要首先检查用户名和密码是否正确，如果密码不正确，连接也会受限。重新输入正确的用户名和密码后如果还不能解决问题，可以考虑网络协议和网卡的故障，重新安装网络驱动程序或换一台电脑试试。

故障排除：重新安装网络协议后故障排除，所以故障的原因可能是协议遭到病毒破坏。

4. 无线网卡故障

故障表现：一台笔记本电脑使用无线网卡上网时出现以下故障，即在一些位置可以上网，在另外一些位置却不能上网，重装系统后故障依然存在。

故障分析：首先检查无线网卡和笔记本电脑是否连接牢固，建议拔下再安装一次。操作后故障依然存在。

故障排除：一般情况下，无线网卡容易受附近的电磁场的干扰，查看附近是否存在大功率的电器和无线通信设备，如果有，可以将其移走。干扰也可能来自附近的电脑，离得太近干扰信号也比较强。通过移动大功率的电器，故障排除。如果此时还存在故障，可以换一个无线网卡进行测试。

12.3.2 打不开网页

无法打开网页的主要原因有浏览器故障、DNS配置故障和病毒故障等。

1. 浏览器故障

在网络连接正常的情况下，如果无法打开网页，用户首先需要考虑的问题是浏览器是否有问题，最好的方法就是重新安装浏览器，比较常用的浏览器有360安全浏览器、Chrome浏览器等。

2. DNS配置故障

当IE浏览器无法浏览网页时，可先尝试用IP地址来访问，如果可以访问，那么应该是DNS配置的问题。造成DNS配置出现问题的原因可能是连网时获取DNS出错或DNS服务器本身的问题，这时用户可以手动指定DNS服务，具体的操作步骤如下。

Step 01 双击桌面上的"控制面板"图标，打开"所有控制面板项"窗口，如图12-14所示。

图12-14 "所有控制面板项"窗口

Step 02 单击"网络和共享中心"超链接，打开"网络和共享中心"窗口，如图12-15所示。

图 12-15 "网络和共享中心"窗口

Step 03 单击"更改适配器设置"超链接，打开"网络连接"窗口，右击"WLAN"图标，在弹出的快捷菜单中选择"属性"选项，如图12-16所示。

图 12-16 选择"属性"选项

Step 04 弹出"WLAN属性"对话框，在"此连接使用下列项目"列表框中选择"Internet协议版本6（TCP/IPv6）"选项，如图12-17所示。

Step 05 单击"属性"按钮，弹出"Internet协议版本6（TCP/IPv6）属性"对话框，在"首选DNS服务器"和"备用DNS服务器"文本框中重新输入服务商（ISP）提供的DNS服务器地址，如图12-18所示，单击"确定"按钮即可完成设置。

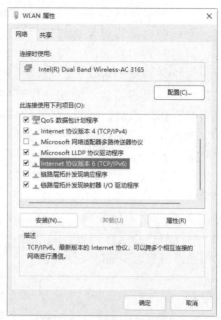

图 12-17 "WLAN"对话框

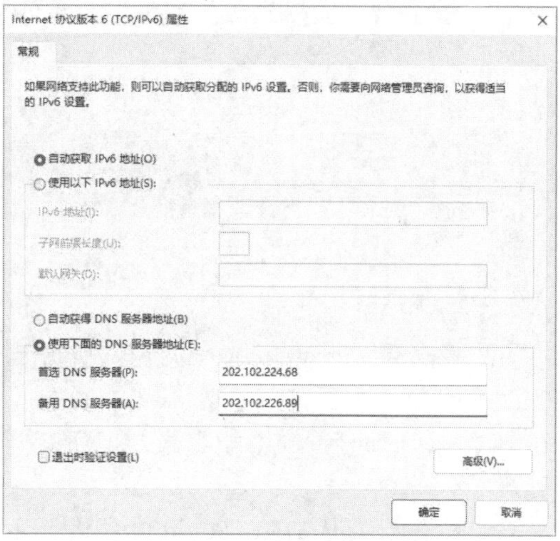

图 12-18 "常规"选项卡

🔊提示：不同的ISP有不同的DNS地址。有时候是路由器或网卡的问题，导致无法与ISP的DNS服务器连接，这种情况下，可把路由器关闭一会再打开，或者重新设置路由器。

故障表现：网络出现问题，如经常访问的网站打不开，而一些没有打开过的网站却可以打开。

故障分析：从故障现象看，这是本地

DNS缓存出现了问题。为了提高网站访问速度，系统会自动将已经访问过并获取IP地址的网站存入本地的DNS缓存中，如果用户再对这个网站进行访问，则不再通过DNS服务器，而直接从本地DNS缓存中取出该网站的IP地址进行访问。所以，如果本地DNS缓存出现了问题，就会导致经常打开的网站无法访问。

故障排除：重建本地DNS缓存，可以排除上述故障。具体的方法为：在"运行"对话框的文本框中输入"ipconfig / flushdns"命令，如图12-19所示，单击"确定"按钮即可重建本地DNS缓存。

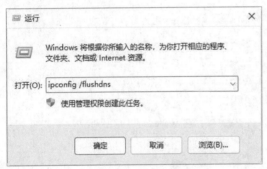

图 12-19 "运行"对话框

3. 病毒故障

故障表现：一台电脑在浏览网页时出现以下问题：主页能打开，二级网页打不开，过一段时间后，QQ能登录，但所有网页都打不开。

故障分析：从故障现象可以分析，主要是恶意代码（网页病毒）以及一些木马病毒在作怪。

故障排除：在任务管理器里查看进程，看看CPU的占用率如何。如果是100%，就可以初步判断感染了病毒，这就要检查哪个进程占用了CPU资源。找到后记录名称，然后结束进程。如果不能结束，则将电脑启动到"安全模式"下，再把该程序结束。然后再在"运行"对话框中输入"regedit"命令，如图12-20所示，

在打开的"注册表"窗口中查找记录的程序名称，然后将其删除即可。

图 12-20 "regedit"命令

12.3.3 网速很慢

影响网速的原因有很多，下面介绍几种常见的影响网速的问题及解决方法。

1. 网络自身问题

用户想要连接的目标网站所在的服务器带宽不足或负载过大。这种问题的处理办法比较简单，即换个时间段再上或者换个目标网站。

2. 服务器的原因

针对服务器的网络病毒会使网速变慢或网络瘫痪。要解决这类问题，服务器管理人员需要查杀网络病毒，保证服务器正常工作。

3. 蠕虫病毒的影响

通过E-mail散发的蠕虫病毒对网络速度的影响越来越严重，危害性也比较大。因此，用户必须及时升级所用的杀毒软件。电脑也要及时升级并安装系统补丁程序，同时卸载不必要的服务，关闭不必要的端口，以提高系统的安全性和可靠性。

4. 防火墙的过多使用

防火墙的过多使用也可导致网速变慢，处理办法较为简单，即卸载不必要的防火墙，只保留一个功能强大的防火墙。

5. 系统资源不足

用户可能加载了太多的应用程序在后台运行，请合理地加载软件或删除无用的程序及文件，将资源空出，以达到提高网速的目的。

6. 系统使用时间过长

开机很久后突然出现网速变慢，用户可以重新启动电脑看看能不能解决问题。

12.4　电脑常见"失灵"现象

电脑是由多个部件组成的，并且还有更为复杂的操作系统，因此出现"失灵"现象是可以理解的。本节介绍一些电脑常见的"失灵"现象以及处理办法。

12.4.1　鼠标失灵

鼠标是电脑重要的输入设备，也是需要经常维护的电脑设备。下面介绍鼠标常见的"失灵"现象和排除方法。

1. 鼠标无反应

鼠标在使用一段时间后，突然没有任何反应，建议采用如下方法进行处理。

（1）查看是否电脑已经死机。

（2）如果电脑没有死机，则需要查看鼠标与电脑主机的连接线，是否脱落或松动，重新将连接线插好。

2. 鼠标定位不准确

鼠标使用一段时间后，出现定位不准确，反应迟缓，可采用如下方法进行处理。

鼠标长时间使用后，大量的灰尘会使鼠标反应迟缓，定位不准确。如果是机械鼠标，可以将鼠标下方的小球取出，将鼠标内部清洁干净。如果是光电鼠标，则将鼠标下方的光源处清理干净即可。

3. 鼠标按键失灵

鼠标按键失灵分为两种情况，一种是鼠标按键无动作，一种是鼠标按键无法正常弹出。

鼠标按键无动作，这可能是因为鼠标按键和电路板上的微动开关距离太远，或点击开关经过长时间的使用而造成反弹能力下降所致。

遇到这种情况，可以拆开鼠标，在鼠标按键的下面粘上一块厚度适中的塑料片，厚度要根据实际需要而确定，处理完毕后，可以尝试是否能正常使用。

鼠标按键无法正常弹出，这可能是按键下方微动开关中的碗形接触片断裂引起的，尤其是塑料簧片长期使用后容易断裂。如果是三键鼠标，可以将中间的按键拆下来应急，如果是品质好的原装鼠标，可以焊接一下，然后拆开微动开关，细心清洗接触点，上一些润滑脂后装好就可以使用了。

4. 鼠标挂起后失效

当一个新的鼠标，使用一段时间后发现不能再使用了，这种故障是由于鼠标驱动程序出现了不兼容现象所引起的。具体的解决方法如下。

Step 01 在系统桌面上右击 ■ 图标，在弹出的菜单中选择"设备管理器"选项，打开"设备管理器"窗口，如图12-21所示。

图 12-21　"设备管理器"窗口

Step 02 单击"鼠标和其他指针设备"选项前面的符号按钮，结果会显示"HID-compliant mouse"选项，右击该选项，在弹出的快捷菜单中选择"更新驱动程序"选项，然后根据提示进行鼠标驱动程序的更新，如图12-22所示。

图12-22　更新硬件驱动

Step 03 待鼠标驱动程序更新完成后，重新启动电脑，鼠标驱动程序不兼容的故障就排除了。

12.4.2　键盘中的按键失灵

当在键盘上按下一个键，出现多个字母，建议采用如下方法进行处理。

（1）查看键盘上的按键按下后是否能够正常弹起，如果不能正常弹起，说明键盘已经老化或按键损坏，需要对键盘进行清洗，更换老化的按键。

（2）如果键盘按键能够正常弹起，则有可能是键盘按键重复延迟时间过短，在"所有控制面板项"窗口中双击"键盘"图标，在打开的"键盘 属性"对话框的"速度"选项卡中调整"重复延迟"滑块，如图12-23所示。

12.4.3　显示器不显示图像

当启动电脑时，显示器出现黑屏现象，显示器不显示图像，而且机箱喇叭发出一长两短的报警声。针对这种现象，电脑用户需要从以下几个方面着手检查。

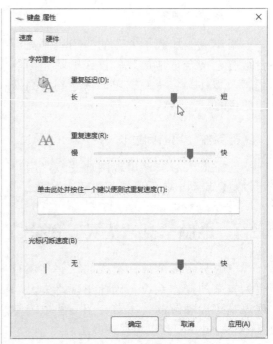

图12-23　"键盘 属性"对话框

（1）判断是否由于显卡接触不良引发的故障。关闭电源，打开机箱，将显卡拔出来，如图12-24所示，然后用毛笔刷将显卡板卡上的灰尘清理掉，特别是要注意将显卡风扇及散热片上的灰尘处理掉。接着用橡皮擦来回擦拭板卡的"金手指"。完成这一步之后，将显卡重新安装好，查看故障是否已经排除。

图12-24　电脑显卡

（2）检查显示卡"金手指"是否已经被氧化。使用橡皮清除锈渍后，显示卡仍不能正常工作的话，可以使用除锈剂清洗"金手指"，然后在"金手指"上轻轻地敷上一层焊锡，以增加"金手指"的厚度，但一定注意不要让相邻的"金手指"之间短路。

（3）检查显卡与主板是否存在兼容问题，此时可以另外拿一块显卡插在主板上，如果故障解除，则说明兼容问题存在。当然，用户还可以将该显卡插在另一块主板上，如果也没有故障，则说明这块显卡与原来的主板确实存在兼容问题。对于这种故障，最好的解决办法就是换一块显卡或者主板。

（4）检查显卡硬件本身的故障，一般是显示芯片或显存烧毁，建议用户将显卡拿到别的机器上试一试，若确认是显卡问题，更换后即可解决故障。

（5）内存条也有可能导致显示器黑屏，这时可以将内存条拔出，如图12-25所示，用橡皮擦轻轻擦除"金手指"上的灰尘。

图 12-25　电脑内存条

12.5　高效办公技能实战

12.5.1　实战1：为电脑设置多账号

在公司中如果有一台电脑需要多个用户，那么可以添加多账号。Windows 11操作系统支持多用户账号，可以为不同的账号设置不同的权限，它们之间互不干扰，独立完成各自的工作。下面以添加账号并设置账号属性为例进行讲解。

Step 01 双击桌面上的"控制面板"选项，打开"控制面板"窗口，如图12-26所示。

Step 02 单击"更改账户类型"超链接，打开"管理账户"窗口，如图12-27所示。

Step 03 单击"在电脑设置中添加新用户"超链接，打开"账户-其他用户"窗口，如图12-28所示。

图 12-26　"控制面板"窗口

图 12-27　"管理账户"窗口

图 12-28　"账户-其他用户"窗口

Step 04 单击"添加账户"按钮，打开"本地用户和组"窗口，选择"用户"选项，展开本地用户列表，如图12-29所示。

图 12-29　本地用户列表

Step 05 在用户列表窗格的空白处，单击鼠标右键，在弹出的快捷菜单中选择"新用户"选项，打开"新用户"对话框，在"用户名"和"全名"等文本框中输入新用户名称等信息，如图12-30所示。

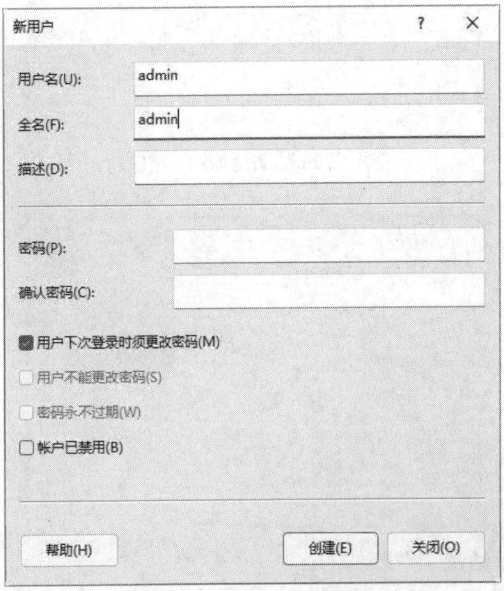

图 12-31　创建一个新用户

12.5.2　实战2：使用语音输入文字

Windows 11操作系统提供了语音输入文字的功能，用户在使用该功能前，需要将麦克风和电脑正确连接。使用语音输入文字的具体操作步骤如下。

Step 01 双击桌面上的"控制面板"图标，打开"所有控制面板项"窗口，如图12-32所示。

图 12-32　"所有控制面板项"窗口

Step 02 选择"语音识别"选项，即可弹出"语音识别"窗口，如图12-33所示。

Step 03 选择"启动语音识别"选项，弹出"欢迎设置语音识别"对话框，如图12-34所示。

Step 04 单击"下一步"按钮，打开"麦克风是什么类型的麦克风？"对话框，根据自己的实际情况选择所使用的麦克风的类

图 12-30　"新用户"对话框

Step 06 输入完毕后，单击"创建"按钮，返回"本地用户和组"窗口中，可以看到已经创建的新用户，如图12-31所示。

型，这里选中"桌面麦克风"单选按钮，如图12-35所示。

图 12-33　"语音识别"窗口

图 12-34　"欢迎设置语音识别"对话框

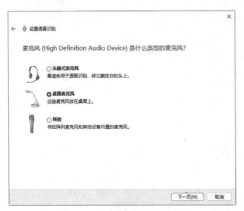

图 12-35　选择麦克风类型

Step 05 单击"下一步"按钮，即可打开"设置麦克风"对话框，按照对话框中的提示，查看自己的麦克风戴的是否正确，如图12-36所示。

图 12-36　"设置麦克风"对话框

Step 06 单击"下一步"按钮，即可打开"调整麦克风的音量"对话框，按照提示用普通话大声朗读对话框中的斜体字，并调整麦克风的音量，如图12-37所示。

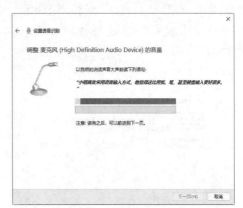

图 12-37　调整麦克风的音量

Step 07 调整完毕后，单击"下一步"按钮，即可打开"现在已设置好您的麦克风"对话框，如图12-38所示。

图 12-38　"现在已设置好您的麦克风"对话框

185

Step 08 单击"下一步"按钮，即可打开"改善语音识别的精确度"对话框，在其中选中"启用文档审阅"单选按钮，如图12-39所示。

图 12-39　"改善语音识别的精确度"对话框

Step 09 单击"下一步"按钮，即可打开"选择激活模式"对话框，在其中选中"使用手动激活模式"单选按钮，如图12-40所示。

图 12-40　"选择激活模式"对话框

Step 10 单击"下一步"按钮，即可打开"打印语音参考卡片"对话框，如图12-41所示。

图 12-41　"打印语音参考卡片"对话框

Step 11 单击"下一步"按钮，即可打开"每次启动计算机时运行语音识别"对话框，在其中勾选"启动时运行语音识别"复选框，如图12-42所示。

图 12-42　"每次启动计算机时运行语音识别"对话框

Step 12 单击"下一步"按钮，即可打开"现在可以通过语音来控制此计算机"对话框，至此语音识别设置完毕。如果想查看教材，可以单击"开始教程"按钮，这里单击"跳过教程"按钮，如图12-43所示。

图 12-43　语音识别设置完成

Step 13 设置完语音识别后，在屏幕中就会出现一个"语音识别"控制面板，它是浮动的。用户可以通过鼠标将其拖动至屏幕的任意位置，如图12-44所示。

图 12-44　"语音识别"控制面板

Step 14 单击"语音识别"控制面板左侧的"开始"按钮，即可开始录入语音，如图12-45所示。

图 12-45 开始录入语音

Step 15 录入完毕后，系统将弹出"替换面板"对话框，选择和录入语音相同的文本，如图12-46所示。

图 12-46 "替换面板"对话框

Step 16 单击"确定"按钮，即可完成语音输入文字，如图12-47所示。

图 12-47 语音输入文字

第13章　电脑数据的安全防护

电脑系统中的大部分数据都存储在磁盘中，而磁盘又是一个极易出现问题的部件。为了能够有效地保护计算机的系统数据，最有效的方法就是将系统数据进行备份，这样，一旦磁盘出现故障，就能把损失降到最低。本章介绍电脑数据的安全防护。

13.1　数据丢失的原因

硬件故障、软件破坏、病毒的入侵、用户自身的错误操作等，都有可能导致数据丢失，但大多数情况下，这些找不到的数据并没有真正丢失，这就需要根据数据丢失的具体原因采取相应措施。

13.1.1　数据丢失的原因

造成数据丢失的主要原因有如下几个方面。

（1）用户的误操作。由于用户错误操作而导致数据丢失的情况，在数据丢失的主要原因中所占比例很大。用户极小的疏忽都可能造成数据丢失，例如用户的错误删除或不小心切断电源等。

（2）黑客入侵与病毒感染。黑客入侵和病毒感染已越来越受关注，由此造成的数据破坏更不可低估。而且有些恶意程序具有格式硬盘的功能，这对硬盘数据将造成毁灭性的破坏。

（3）软件系统运行错误。由于软件不断更新，各种程序和运行错误也就随之增加，如程序被迫意外中止或突然死机，都会使用户当前所运行的数据因不能及时保存而丢失。如在运行Microsoft Office Word编辑文档时，常常会发生应用程序出现错误而不得不中止的情况，此时，当前文档中的内容就不能完整保存甚至全部丢失。

（4）硬盘损坏。硬盘损坏主要表现为磁盘划伤、磁组损坏、芯片及其他元器件烧坏、突然断电等，这些损坏造成的数据丢失都是物理性质，一般通过Windows自身无法恢复数据。

（5）自然损坏。风、雷电、洪水及意外事故（如电磁干扰、地板振动等）也有可能导致数据丢失，但这一原因出现的可能性比上述几种原因要低很多。

13.1.2　发现数据丢失后的操作

当发现计算机中的硬盘丢失数据后，应当注意以下事项。

（1）当发现自己硬盘中的数据丢失后，应立刻停止一些不必要的操作，如误删除、误格式化之后，最好不要再往磁盘中写数据。

（2）如果发现丢失的是C盘数据，应立即关机，以避免数据被操作系统运行时产生的虚拟内存和临时文件破坏。

（3）如果是服务器硬盘阵列出现故障，最好不要进行初始化和重建磁盘阵列，以免增加恢复难度。

（4）如果是磁盘出现坏道读不出来时，最好不要反复读盘。

（5）如果是磁盘阵列等硬件出现故障，最好请专业的维修人员来对数据进行恢复。

13.2　备份磁盘各类数据

磁盘当中存放的数据有很多类，如分区表、引导区、驱动程序等系统数据，还有电子邮件、系统桌面数据、磁盘文件等本地数据，对这些数据进行备份可以在一定程度上保护数据的安全。

13.2.1　分区表数据的备份

如果分区表损坏会造成系统启动失败、数据丢失等严重后果。这里以使用DiskGenius V5.4软件为例，来讲述如何备份分区表，具体的操作步骤如下。

Step 01 打开软件DiskGenius V5.4，选择需要保存备份分区表的分区，如图13-1所示。

图 13-1　DiskGenius V5.4 工作界面

Step 02 选择"硬盘"→"备份分区表"菜单项，如图13-2所示，用户也可以按F9键备份分区表。

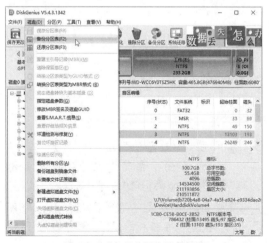

图 13-2　"备份分区表"菜单项

Step 03 弹出"设置分区表备份文件名及路径"对话框，在"文件名"文本框中输入备份分区表的名称，如图13-3所示。

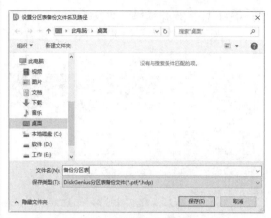

图 13-3　输入备份分区表的名称

Step 04 单击"保存"按钮，即可开始备份分区表，当备份完成后，弹出"DiskGenius"提示框，提示用户当前硬盘的分区表已经备份到指定的文件中，如图13-4所示。

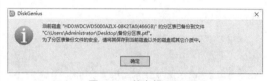

图 13-4　信息提示框

💬提示：为了分区表备份文件的安全，建议将其保存到当前硬盘以外的硬盘或其他存储介质中，如优盘、移动硬盘、光碟等。

13.2.2　驱动程序的修复与备份

在Windows 11操作系统中，用户可以对指定的驱动程序进行备份。一般情况下，用户备份驱动程序常常借助于第三方软件，比较常用的是驱动精灵。

1. 使用驱动精灵修复有异常的驱动

驱动精灵是由驱动之家研发的一款集驱动自动升级、驱动备份、驱动还原、驱动卸载、硬件检测等多功能于一身的专业驱动软件。利用驱动精灵可以在没有驱动光盘的情况下，为自己的设备下载、安装、升级、备份驱动程序。

利用驱动精灵修复异常驱动的具体操作步骤如下。

Step 01 下载并安装好驱动精灵后，直接双击计算机桌面上的驱动精灵图标，即可打开该程序，如图13-5所示。

图 13-5 "驱动精灵"窗口

Step 02 在"驱动精灵"窗口中单击"立即检测"按钮，即可开始对电脑进行全面体检，如图13-6所示。

图 13-6 检测驱动信息

Step 03 检测完成后，会在"驱动管理"界面给出检测结果，如图13-7所示。

Step 04 单击"一键安装"按钮，即可开始下载并安装有异常的驱动程序，如图13-8所示。

2. 使用驱动精灵备份单个驱动

Step 01 在"驱动精灵"窗口中选择"百宝箱"选项卡，进入百宝箱界面，如图13-9

所示。

图 13-7 驱动检测结果

图 13-8 下载并安装驱动程序

图 13-9 百宝箱界面

Step 02 单击"驱动备份"图标，打开"驱动备份还原"界面，在其中显示了可以备份的驱动程序，如图13-10所示。

Step 03 单击"修改文件路径"超链接，即可打开"设置"对话框，在其中可以设置驱动备份文件的保存位置和备份设置类型，如将驱动备份的类型设置为"备份驱动到文件夹"或"备份驱动到ZIP文件"两个类型，如图13-11所示。

图 13-10 "驱动备份还原"界面

图 13-11 "设置"对话框

Step 04 设置完毕后，单击"确定"按钮，返回"驱动备份还原"界面，在其中单击某个驱动程序右侧的"备份"按钮，即可开始备份单个硬件的驱动程序，并显示备份的进度，如图13-12所示。

图 13-12 备份驱动程序

Step 05 备份完毕后，会在硬件驱动程序的

后侧显示"备份完成"的信息提示，如图13-13所示。

图 13-13 备份完成

2. 使用驱动精灵一键备份所有驱动

一台完整的计算机包括主板、显卡、网卡、声卡等硬件设备，要想这些设备能够正常工作，就必须在安装好操作系统后，安装相应的驱动程序。因此，在备份驱动程序时，最好将所有的驱动程序都进行备份，具体的操作步骤如下。

Step 01 在"驱动备份还原"界面中单击"一键备份"按钮，即可开始备份所有硬件的驱动程序，并在后面显示备份的进度，如图13-14所示。

图 13-14 备份驱动程序

Step 02 备份完成后，会在硬件驱动程序的右侧显示"备份完成"的信息提示，如图13-15所示。

图 13-15　备份完成

13.2.3　磁盘文件数据的备份

Windows 11操作系统为用户提供了备份文件的功能，用户只需通过简单的设置，就可以确保文件不会丢失。备份文件的具体操作步骤如下。

Step 01　双击桌面上的"控制面板"图标，打开"控制面板"窗口，如图13-16所示。

图 13-16　"控制面板"窗口

Step 02　单击"查看方式"右侧的下拉按钮，在打开的下拉列表中选择"小图标"选项，如图13-17所示，单击"备份和还原"超链接。

图 13-17　选择"小图标"选项

Step 03　弹出"备份和还原"窗口，在"备份"下面显示"尚未设置Windows备份"信息，表示还没有创建备份，如图13-18所示。

图 13-18　"备份和还原"窗口

Step 04　单击"设置备份"按钮，弹出"设置备份"对话框，系统开始启动Windows备份，并显示启动的进度，如图13-19所示。

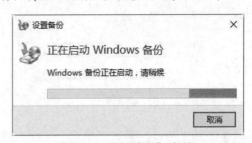

图 13-19　"设置备份"对话框

Step 05　启动完毕后，将弹出"选择要保存备份的位置"对话框，在"保存备份的位置"列表框中选择要保存备份的位置。如果想保存在网络上的位置，可以单击"保存在网络上"按钮。这里将保存备份的位置设置为本地磁盘（G），因此选择"本地磁盘（G）"选项，如图13-20所示，单击"下一步"按钮。

Step 06　弹出"你希望备份哪些内容？"对话框，选中"让我选择"单选按钮，单击"下一步"按钮，如图13-21所示。如果选中"让Windows选择（推荐）"单选按钮，则系统会备份库、桌面上以及在计算机上拥有用户账户的所有人员的默认Windows文件夹中保存的数据文件。

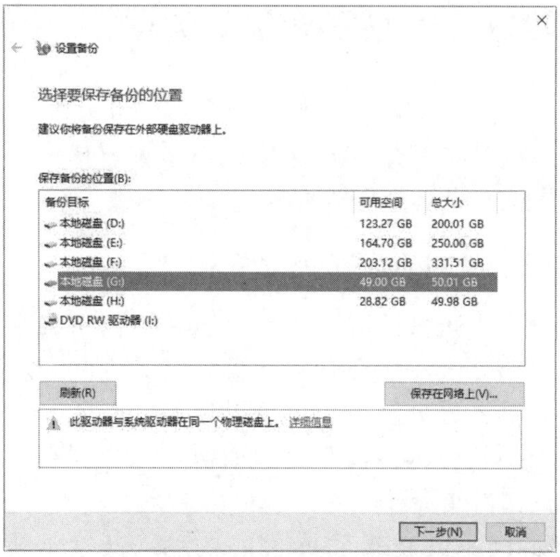

图 13-20　选择需要备份的磁盘

图 13-21　选中"让我选择"单选按钮

图 13-22　选择需要备份的文件

图 13-23　"查看备份设置"对话框

图 13-24　选择"星期二"选项

Step 07 在打开的对话框中选择需要备份的文件，如勾选"Excel办公"文件夹左侧的复选框，单击"下一步"按钮，如图13-22所示。

Step 08 弹出"查看备份设置"对话框，在"计划"右侧显示自动备份的时间，单击"更改计划"按钮，如图13-23所示。

Step 09 弹出"你希望多久备份一次？"对话框，单击"哪一天"右侧的下拉按钮，在打开的下拉列表中选择"星期二"选项，如图13-24所示。

Step 10 单击"确定"按钮，返回"查看备份设置"对话框中，如图13-25所示。

图 13-25　添加备份文件

Step 11 单击"保存设置并运行备份"按钮，返回"备份和还原"窗口中，系统开始自动备份文件并显示备份的进度，如图13-26所示。

图 13-26　开始备份文件

Step 12 备份完成后，将弹出"Windows备份已成功完成"对话框。单击"关闭"按钮即可完成备份操作，如图13-27所示。

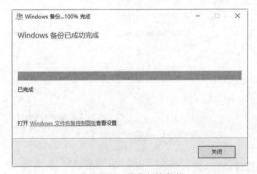

图 13-27　完成文件备份

13.3　还原磁盘各类数据

上一节介绍了如何对各类数据进行备份，这样用户一旦发现自己的磁盘数据丢失，就可以进行恢复操作了。

13.3.1　还原分区表数据

当计算机遭到病毒破坏、加密引导区或误分区等操作导致硬盘分区丢失时，就需要还原分区表。这里以使用DiskGenius V5.4软件为例，来讲述如何还原分区表，具体操作步骤如下。

Step 01 打开软件DiskGenius V5.4，在其主界面中选择"硬盘"→"还原分区表"菜单项或按F10键，如图13-28所示。

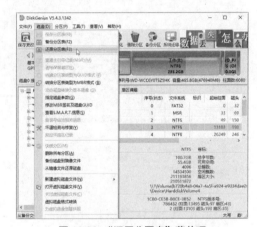

图 13-28　"还原分区表"菜单项

Step 02 随即打开"选择分区表备份文件"对话框，在其中选择硬盘分区表的备份文件，如图13-29所示。

图 13-29　选择备份文件

Step 03 单击"打开"按钮，即可打开"DiskGenius"信息提示框，提示用户是否从这个分区表备份文件还原分区表，如图13-30所示。

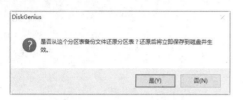

图 13-30　"DiskGenius"信息提示框

Step 04 单击"是"按钮，即可还原分区表，且还原后将立即保存到磁盘并生效。

13.3.2　还原驱动程序数据

前面介绍了使用驱动精灵备份驱动程序的方法，下面介绍使用驱动精灵还原驱动程序的方法，具体的操作步骤如下。

Step 01 在"驱动精灵"窗口中单击"百宝箱"按钮，如图13-31所示。

图 13-31　"驱动精灵"窗口

Step 02 进入"百宝箱"选项卡，在其中单击"驱动还原"图标，如图13-32所示。

图 13-32　"百宝箱"选项卡

Step 03 进入"驱动备份还原"窗口，如图13-33所示。

图 13-33　"驱动备份还原"窗口

Step 04 在"驱动备份"列表中选择需要还原的驱动程序，如图13-34所示。

图 13-34　选择需要还原的驱动程序

Step 05 单击"一键还原"按钮，驱动程序开始还原，这个过程相当于安装驱动程序的过程，如图13-35所示。

图 13-35　还原驱动程序

Step 06 还原完成以后，会在驱动列表的右侧显示还原完成的信息提示，如图13-36所示。

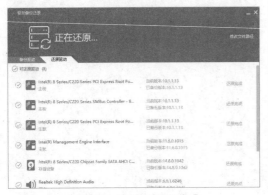

图 13-36　驱动程序还原完成

Step 07 还原完成以后，会在"驱动备份还原"窗口显示"还原完成，重启后生效"信息提示，这时可以单击"立即重启"按钮，重新启动计算机，使还原的驱动程序生效，如图13-37所示。

图 13-37　"还原完成，重启后生效"信息提示

13.3.3　还原磁盘文件数据

当对磁盘文件数据进行了备份，就可以通过"备份和还原"对话框对数据进行恢复，具体操作步骤如下。

Step 01 打开"备份和还原"窗口，在"备份"类别中可以看到备份文件详细信息，如图13-38所示。

Step 02 单击"还原我的文件"按钮，弹出"浏览或搜索要还原的文件或文件夹的备份"对话框，如图13-39所示。

图 13-38　"备份和还原"对话框

图 13-39　"浏览或搜索要还原的文件或文件夹的备份"对话框

Step 03 单击"选择其他日期"超链接，弹出"还原文件"对话框，在"显示如下来源的备份"下拉列表中选择"上周"选项，然后选择"日期和时间"组合框中的"2023/7/7 11:02:48"选项，如图13-40所示，即可将所有的文件都还原到选中日期和时间的版本，单击"确定"按钮。

图 13-40　"还原文件"对话框

Step 04 返回"浏览或搜索要还原的文件或文件夹的备份"对话框。

Step 05 如果用户想要查看备份的内容，可以单击"浏览文件"或"浏览文件夹"按钮，在打开的对话框中查看备份的内容。这里单击"浏览文件"按钮，弹出"浏览文件的备份"对话框，在其中选择备份文件，如图13-41所示。

图 13-41　"浏览文件的备份"对话框

Step 06 单击"添加文件"按钮，返回"浏览或搜索要还原的文件或文件夹的备份"对话框，可以看到选择的备份文件已经添加到对话框的列表框中，如图13-42所示。

图 13-42　备份文件已添加

Step 07 单击"下一步"按钮，弹出"你想在何处还原文件？"对话框，在其中选中"在以下位置"单选按钮，如图13-43所示。

图 13-43　"你想在何处还原文件？"对话框

Step 08 单击"浏览"按钮，弹出"浏览文件夹"对话框，选择文件还原的位置，如图13-44所示。

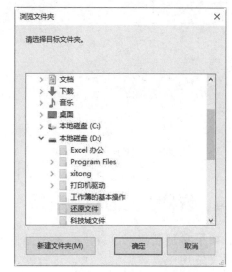

图 13-44　"浏览文件夹"对话框

Step 09 单击"确定"按钮，返回"还原文件"对话框。单击"还原"按钮，如图13-45所示，弹出"正在还原文件…"对话框，系统开始自动还原备份的文件。

Step 10 当出现"已还原文件"对话框时，单击"完成"按钮，即可完成还原操作，如图13-46所示。

图 13-45 "还原文件"对话框

图 13-46 "已还原文件"对话框

13.4 恢复丢失的磁盘数据

如果对磁盘数据没有进行备份操作，而且又发现磁盘数据丢失了，这时就需要借助其他方法或使用数据恢复软件恢复丢失的数据。

13.4.1 从回收站中还原

如果不小心将某一文件删除，很有可能它还保存在回收站中，可以趁着尚未清空回收站，将其从回收站中还原出来。这里以删除本地磁盘F中的图片文件夹为例，具体介绍如何从回收站中还原删除的文件，具体操作步骤如下。

Step 01 双击桌面上的"回收站"图标，打开"回收站"窗口，在其中可以看到误删除的"图片"文件夹。右击该文件夹，从弹出的快捷菜单中选择"还原"选项，如图13-47所示。

图 13-47 选择"还原"选项

Step 02 即可将回收站之中的"图片"文件夹还原到其原来的位置，如图13-48所示。

图 13-48 还原"图片"文件夹

Step 03 打开本地磁盘F，在"本地磁盘F"窗口中看到还原的图片文件夹，如图13-49所示。

图 13-49 "本地磁盘 F"窗口

Step 04 双击"图片"文件夹，可在打开的"图片"窗口中显示出图片的缩略图，如图13-50所示。

图 13-50　"图片"窗口

13.4.2　恢复丢失的磁盘簇

磁盘空间丢失的原因有多种，如误操作、程序非正常退出、非正常关机、病毒的感染、程序运行中的错误或者是对硬盘分区不当等情况都有可能使磁盘空间丢失。磁盘空间丢失的根本原因是存储文件的簇丢失了。那么如何才能恢复丢失的磁盘簇呢？在命令提示符窗口中用户可以使用CHKDSK/F命令找回丢失的簇，具体操作步骤如下。

Step 01 在桌面上右击▦图标，在弹出的快捷菜单中选择"运行"选项，如图13-51所示。

图 13-51　选择"运行"选项

Step 02 打开"运行"对话框，在"打开"文本框中输入注册表命令"cmd"，如图13-52所示。

图 13-52　"运行"对话框

Step 03 单击"确定"按钮，打开命令提示符窗口，在其中输入"chkdsk d:/f"，如图13-53所示。

图 13-53　命令提示符窗口

Step 04 按Enter键，此时会显示输入的D盘文件系统类型，并在窗口中显示chkdsk状态报告，同时，列出符合不同条件的文件，如图13-54所示。

图 13-54　显示 chkdsk 状态报告

13.5　高效办公技能实战

13.5.1　实战1：加密重要的文件夹

对文件或文件夹的加密，可以保护

它们免受未经授权的访问，Windows 11提供的加密文件功能，可以加密文件或文件夹，具体的操作步骤如下。

Step 01 选择需要加密的文件或文件夹，右击，从弹出的快捷菜单中选择"属性"选项，打开"我的幻灯片 属性"对话框，如图13-55所示。

图 13-55 "我的幻灯片 属性"对话框

Step 02 选择"常规"选项卡，单击"高级"按钮，打开"高级属性"对话框，勾选"加密内容以便保护数据"复选框，如图13-56所示。

图 13-56 "高级属性"对话框

Step 03 单击"确定"按钮，返回"我的幻灯片 属性"对话框，单击"应用"按钮，弹出"确认属性更改"对话框，选中"将更改应用于此文件夹、子文件夹和文件"单选按钮，如图13-57所示。

图 13-57 "确认属性更改"对话框

Step 04 单击"确定"按钮，返回"我的幻灯片 属性"对话框。

Step 05 单击"确定"按钮，弹出"应用属性"对话框，系统开始自动对所选的文件夹进行加密操作，如图13-58所示。

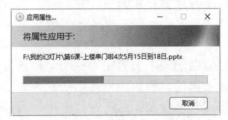

图 13-58 "应用属性"对话框

Step 06 加密完成后，可以看到被加密的文件夹上方显示一个锁形标志，表示加密成功，如图13-59所示。

图 13-59 加密文件夹

13.5.2 实战2：使用BitLocker加密磁盘

对磁盘加密可使用Windows 11操作系统中的BitLocker功能，主要是用于解决用户数据的失窃、泄漏等安全性问题，具体的操作步骤如下。

Step 01 双击桌面上的"控制面板"图标，打开"控制面板"窗口，如图13-60所示。

图 13-60 "控制面板"窗口

Step 02 单击"系统和安全"链接，打开"系统和安全"窗口，如图13-61所示。

图 13-61 "系统和安全"窗口

Step 03 单击"BitLocker驱动器加密"超链接，打开"BitLocker驱动器加密"窗口，在窗口中显示了可以加密的驱动器盘符和加密状态，展开各个盘符后，可单击盘符后面的"启用BitLocker"超链接，对各个驱动器进行加密，如图13-62所示。

图 13-62 "BitLocker 驱动器加密"窗口

Step 04 单击D盘后面的"启用BitLocker"超链接，打开"正在启动BitLocker"对话框，如图13-63所示。

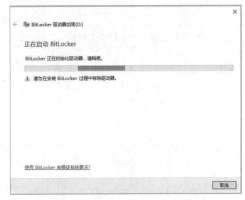

图 13-63 "正在启动 BitLocker"对话框

Step 05 启动BitLocker完成后，打开"选择希望解锁此驱动器的方式"对话框，勾选"使用密码解锁驱动器"复选框，按要求输入内容，如图13-64所示。

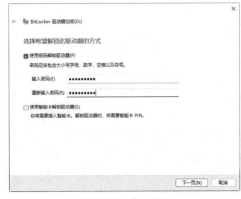

图 13-64 输入密码

Step 06 单击"下一步"按钮，打开"你希望如何备份恢复密钥？"对话框，可以选择"保存到Microsoft账户""保存到文件""打印恢复密钥"选项，这里选择"保存到文件"选项，如图13-65所示。

图 13-65 "你希望如何备份恢复密钥？"对话框

Step 07 打开"将BitLocker恢复密钥另存为"对话框，选择恢复密钥保存的位置，在"文件名"文本框中更改文件的名称，如图13-66所示。

图 13-66 更改文件名称

Step 08 单击"保存"按钮，关闭对话框，返回"你希望如何备份恢复密钥？"对话框，在对话框的下侧显示"已保存恢复密钥"的提示信息，如图13-67所示。

Step 09 单击"下一步"按钮，进入"选择要加密的驱动器空间大小"对话框，如图13-68所示。

图 13-67 提示信息

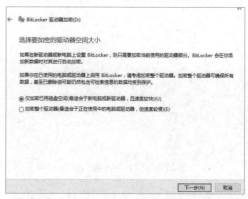

图 13-68 "选择要加密的驱动器空间大小"对话框

Step 10 单击"下一步"按钮，进入"选择要使用的加密模式"对话框，如图13-69所示。

图 13-69 "选择要使用的加密模式"对话框

Step 11 单击"下一步"按钮，进入"是否准备加密该驱动器？"对话框，如图13-70所示。

图 13-70　"是否准备加密该驱动器？"对话框

Step 12 单击"开始加密"按钮，开始对可移动驱动器进行加密，加密的时间与驱动器的容量有关，但是加密过程不能中止，如图13-71所示。

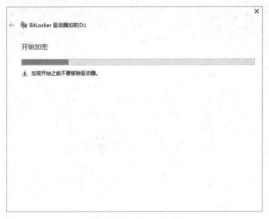

图 13-71　开始加密

Step 13 开始加密启动完成后，打开"BitLocker驱动器加密"对话框，显示加密的进度，如图13-72所示。

图 13-72　显示加密的进度

Step 14 加密完成后，将弹出信息提示框，提示用户已经加密完成，如图13-73所示，单击"关闭"按钮。

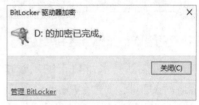

图 13-73　加密已完成

第14章　电脑系统的优化与维护

用户在使用电脑的过程中，会受到恶意软件的攻击，有时还会不小心删除系统文件，这都有可能导致系统崩溃或无法进入操作系统，这时就需要及时对系统进行优化和维护。本章介绍电脑系统的优化与维护。

14.1　系统安全防护

随着电脑大范围的普及和应用，电脑安全问题已经是电脑使用者面临的最大问题，而且电脑病毒也不断出现，这就要求用户要做好系统安全的防护，并及时优化系统，从而提高电脑的性能与稳定性。

14.1.1　使用Windows更新

Windows更新是系统自带的用于检测系统是否最新的工具，使用Windows更新可以下载并安装系统更新，具体的操作步骤如下。

Step 01 右击"开始"按钮，在弹出的快捷菜单中选择"设置"选项，如图14-1所示。

图14-1　选择"设置"选项

Step 02 打开"设置"窗口，在其中可以看到有关系统设置的相关功能，如图14-2所示。

Step 03 选择"Windows更新"选项，进入"Windows更新"窗口，如图14-3所示。

Step 04 单击"检查更新"按钮，即可开始检查网上是否存在更新文件，如图14-4所示。

图14-2　"设置"窗口

图14-3　"Windows更新"窗口

图 14-4 检查更新

Step 05 检查完毕后，如果存在更新文件，则会弹出如图14-5所示的信息提示，提示用户有可用更新，并自动开始下载更新文件。

图 14-5 下载更新

Step 06 下载完毕后，系统会自动安装更新文件，安装完毕后，会弹出如图14-6所示的信息提示，单击"立即重新启动"按钮，立即重新启动电脑，重新启动完毕后，即可完成Windows更新。

Step 07 单击"计划重新启动"超链接，在打开的界面中可以安排更新时间，如图14-7所示。

图 14-6 安装更新

图 14-7 安排更新时间

Step 08 单击"更多选项"区域中的"高级选项"超链接，打开"高级选项"设置工作界面，在其中可以设置更新的其他高级选项，如图14-8所示。

图 14-8 "高级选项"设置

14.1.2　修复系统漏洞

使用软件修复系统漏洞是常用的优化系统的方式之一。目前，网络上存在多种软件都能对系统漏洞进行修复，如优化大师、360安全卫士等。

修复系统漏洞的操作步骤如下。

Step 01 双击桌面上的360安全卫士图标，打开"360安全卫士"工作界面，如图14-9所示。

图 14-9　"360 安全卫士"工作界面

Step 02 单击"系统修复"选项卡，打开如图14-10所示的工作界面。

图 14-10　"系统修复"选项卡

Step 03 单击"全面修复"按钮，开始扫描系统中存在的漏洞，如图14-11所示。

图 14-11　扫描系统存在的漏洞

Step 04 扫描完成后，单击"一键修复"按钮，即可修复系统漏洞，如图14-12所示。

图 14-12　修复系统漏洞

14.1.3　启用系统防火墙

Windows操作系统自带的防火墙做了进一步的调整，更改了高级设置的访问方式，增加了更多的网络选项，支持多种防火墙策略，让防火墙更加便于用户使用。

启用防火墙的具体操作步骤如下。

Step 01 双击桌面上的"控制面板"图标，打开"所有控制面板项"窗口，如图14-13所示。

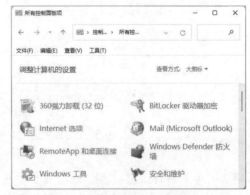

图 14-13　"所有控制面板项"窗口

Step 02 单击"Windows Defender防火墙"选项，即可打开"Windows Defender防火墙"窗口，在左侧窗格中可以看到"更改通知设置""允许应用或功能通过Windows Defender防火墙""启用或关闭Windows Defender防火墙""还原默认值""高级设置"等超链接，如图14-14所示。

图 14-14 "Windows Defender 防火墙"窗口

Step 03 单击"启用或关闭Windows Defender 防火墙"超链接，打开"自定义各类网络 的设置"窗口，在其中可以看到"专用网络设置"和"公用网络设置"两个区域，用户可以根据需要设置Windows Defender防火墙的打开、关闭以及Windows Defender 防火墙阻止新程序时是否通知我等，如图 14-15所示。

图 14-15 开启防火墙

Step 04 一般情况下，系统默认勾选"Windows Defender防火墙阻止新程序时通知我"复选框，这样防火墙发现可信任列表以外的程序访问用户电脑时，就会弹出"Windows防火墙已经阻止此程序的部分功能"信息提示框，如图14-16所示。

Step 05 如果用户知道该程序是一个可信任的程序，则可根据使用情况选择"专用网络"和"公用网络"选项，然后单击"允许访问"按钮，就可以把这个程序添加到防火墙

的可信任程序列表中了，如图14-17所示。

图 14-16 信息提示框

图 14-17 "允许的应用"窗口

Step 06 如果用户希望防火墙阻止所有的程序，则可以勾选"阻止所有传入连接，包括位于允许列表中的应用"复选框，此时Windows Defender防火墙会阻止包括可信任程序在内的大多数程序，如图14-18所示。

图 14-18 "自定义防火墙"窗口

14.2 木马病毒查杀

信息化社会面临着电脑系统安全问题的严重威胁，如系统漏洞、木马病毒等。使用杀毒软件可以保护电脑系统安全，可以说杀毒软件是电脑安全必备的软件之一。

14.2.1 使用安全卫士查杀

使用360安全卫士还可以查询系统中的木马文件，以保证系统安全。使用360安全卫士查杀木马的具体操作步骤如下。

Step 01 在"360安全卫士"工作界面中单击"木马查杀"选项卡，进入360安全卫士木马查杀工作界面，在其中可以看到360安全卫士为用户提供了三种查杀方式，如图14-19所示。

图 14-19　查看查杀方式

Step 02 单击"快速查杀"按钮，开始快速扫描系统关键位置，如图14-20所示。

图 14-20　扫描木马病毒

Step 03 扫描完成后，给出扫描结果，对于扫描出来的危险项，用户可以根据实际情况

自行清理，也可以直接单击"一键处理"按钮，对扫描出来的危险项进行处理，如图14-21所示。

图 14-21　扫描结果

Step 04 单击"一键处理"按钮，开始处理扫描出来的危险项，处理完成后，弹出"360木马查杀"对话框，在其中提示用户处理成功，如图14-22所示。

图 14-22　"360 木马查杀"对话框

14.2.2 使用杀毒软件查杀

如果发现电脑运行不正常，应首先分析原因，然后利用杀毒软件进行杀毒操作。下面以"360杀毒"查杀病毒为例讲解如何利用杀毒软件杀毒。

使用360杀毒软件杀毒的具体操作步骤如下。

Step 01 在"病毒查杀"选项卡中，360杀毒为用户提供了3个查杀病毒的方式，即快速扫描、全盘扫描和自定义扫描，如图14-23所示。

Step 02 这里选择快速扫描方式。单击"360杀毒"工作界面中的"快速扫描"按钮，即可开始扫描系统中的病毒文件，如图14-24所示。

图 14-23　"360 杀毒"窗口

图 14-24　开始扫描

Step 03 在扫描的过程中如果发现木马病毒，则会在下面的列表框中显示扫描出来的木马病毒，并列出其威胁对象、威胁类型、处理状态等，如图14-25所示。

图 14-25　扫描结果

Step 04 扫描完成后，勾选"系统异常项"复选框，单击"立即处理"按钮，即可删除扫描出来的木马病毒或安全威胁对象，如图14-26所示。

图 14-26　处理扫描结果

14.3　系统速度优化

对电脑速度进行优化是系统安全优化的一个方面，用户可以通过清理系统盘临时文件、清理磁盘碎片、清理系统垃圾等方面来实现。

14.3.1　系统盘瘦身

在没有安装专业的垃圾清理软件前，用户可以手动清理磁盘垃圾临时文件，为系统盘瘦身，具体的操作步骤如下。

Step 01 右击"开始"按钮，在弹出的快捷菜单中选择"运行"选项，打开"运行"对话框，在其中输入"cleanmgr"命令，按Enter键确认，如图14-27所示。

图 14-27　"运行"对话框

Step 02 弹出"磁盘清理：驱动器选择"对话框，单击"驱动器"下面的向下按钮，在弹出的下拉菜单中选择需要清理临时文件的磁盘分区，如图14-28所示。

Step 03 单击"确定"按钮，弹出"磁盘清理"对话框，并开始自动计算清理磁盘垃圾，如图14-29所示。

图 14-28　"磁盘清理：驱动器选择"对话框

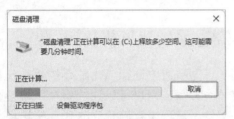

图 14-29　"磁盘清理"对话框

Step 04 弹出"（C:）的磁盘清理"对话框，在"要删除的文件"列表框中显示扫描出的垃圾文件和大小，选择需要清理的临时文件，如图14-30所示。

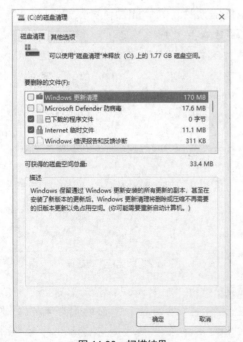

图 14-30　扫描结果

Step 05 单击"确定"按钮，弹出一个信息

提示框，提示用户是否要永久删除这些文件，如图14-31所示。

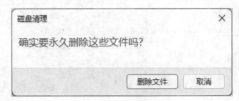

图 14-31　信息提示框

Step 06 单击"删除文件"按钮，系统开始自动清理磁盘中的垃圾文件，并显示清理的进度，如图14-32所示。

图 14-32　清理临时文件

14.3.2　清理系统垃圾

360安全卫士是一款完全免费的安全类上网辅助工具软件，拥有木马查杀、恶意插件清理、漏洞补丁修复、电脑全面体检、垃圾和痕迹清理、系统优化等多种功能。

使用360安全卫士清理系统垃圾的具体操作步骤如下。

Step 01 双击桌面上的360安全卫士快捷图标，打开"360安全卫士"工作界面，如图14-33所示。

图 14-33　"360安全卫士"工作界面

Step 02 单击"电脑清理"选项卡，进入电脑清理工作界面，如图14-34所示。

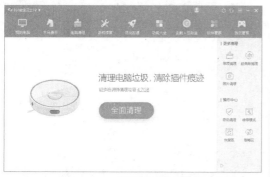

图 14-34　电脑清理工作界面

Step 03 在电脑清理工作界面中包括多个清理类型，这里单击"全面清理"按钮，选择所有的清理类型，开始扫描电脑系统中的垃圾文件，如图14-35所示。

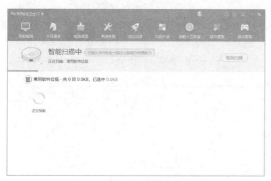

图 14-35　正在扫描垃圾

Step 04 扫描完成后，在电脑清理工作界面中显示扫描的结果，如图14-36所示。

图 14-36　显示扫描结果

Step 05 单击"一键清理"按钮，开始清理系统垃圾，清理完成后，在电脑清理工作界

面中给出清理完成的信息提示，如图14-37所示。

图 14-37　清理系统垃圾

Step 06 单击"深度清理"超链接，在打开的界面中可以对系统进行深度清理，如图14-38所示。

图 14-38　深度清理

14.4　备份与还原电脑系统

常见备份系统的方法为使用系统自带的备份工具进行备份。系统备份完成后，一旦系统出现严重的故障，即可还原系统到未出故障前的状态。

14.4.1　使用系统工具备份系统

Windows 11操作系统自带的备份还原功能更加强大，为用户提供了高速度、高压缩的一键备份还原功能。

1. 开启系统还原功能

要想使用Windows系统工具备份和还原

系统，首选需要开启系统还原功能，具体的操作步骤如下。

Step 01 右击电脑桌面上的"此电脑"图标，在打开的快捷菜单中选择"属性"选项，如图14-39所示。

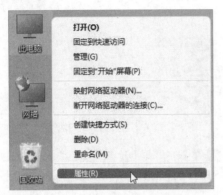

图14-39 选择"属性"选项

Step 02 在打开的窗口中，单击"系统保护"超链接，如图14-40所示。

图14-40 "系统"窗口

Step 03 弹出"系统属性"对话框，在"保护设置"列表框中选择系统所在的分区，并单击"配置"按钮，如图14-41所示。

Step 04 弹出"系统保护本地磁盘"对话框，选中"启用系统保护"单选按钮，单击鼠标调整"最大使用量"滑块到合适的位置，然后单击"确定"按钮，如图14-42所示。

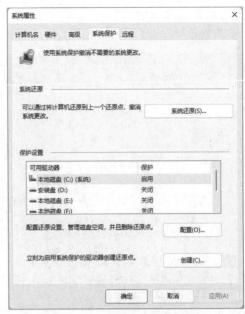

图14-41 "系统属性"对话框

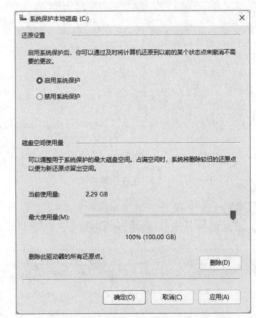

图14-42 "系统保护本地磁盘"对话框

2.创建系统还原点

用户开启系统还原功能后，默认打开保护系统文件和设置的相关信息，保护系统。用户也可以创建系统还原点，当系统出现问题时，就可以方便地恢复到创建还原点时的状态。

Step 01 在前文打开的"系统属性"对话框中，选择"系统保护"选项卡，然后选择系统所在的分区，单击"创建"按钮，如图14-43所示。

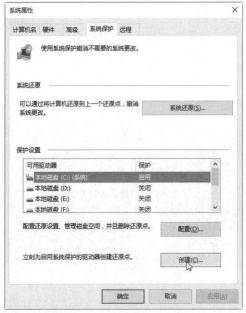

图 14-43　"系统保护"选项卡

Step 02 弹出"创建还原点"对话框，在文本框中输入还原点的描述性信息，如图14-44所示。

图 14-44　"创建还原点"对话框

Step 03 单击"创建"按钮，即可开始创建还原点，如图14-45所示。

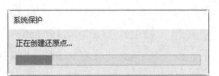

图 14-45　开始创建还原点

Step 04 创建还原点的时间比较短，稍等片刻就可以了。创建完毕后，将打开"已成功创建还原点"提示信息，单击"关闭"按钮即可，如图14-46所示。

图 14-46　创建还原点完成

14.4.2　使用系统映像备份系统

Windows 11操作系统为用户提供了系统镜像的备份功能，使用该功能，用户可以备份整个操作系统，具体操作步骤如下。

Step 01 在"控制面板"窗口中，单击"备份和还原"超链接，如图14-47所示。

图 14-47　"控制面板"窗口

Step 02 弹出"备份和还原"窗口，单击"创建系统映像"超链接，如图14-48所示。

图 14-48　"备份和还原"窗口

Step 03 弹出"你想在何处保存备份？"对话框，这里有3种类型的保存位置，包括"在硬盘上""在一张或多张DVD上""在网络位置上"，本实例选中"在硬盘上"单选按钮，单击"下一步"按钮，如图14-49所示。

图 14-49　选择备份保存位置

Step 04 弹出"你要在备份中包括哪些驱动器？"对话框，这里采用默认的选项，单击"下一步"按钮，如图14-50所示。

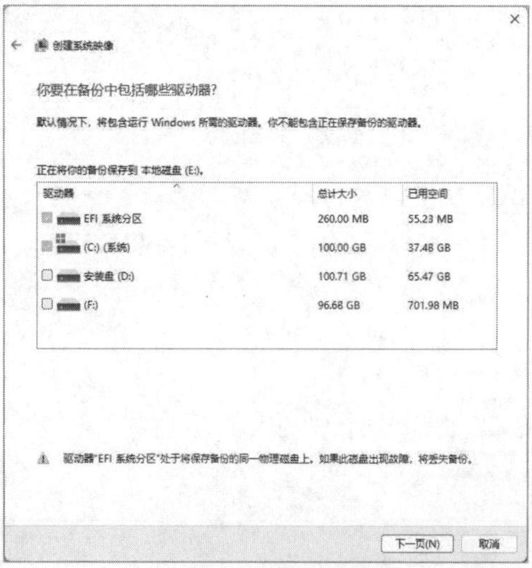

图 14-50　选择驱动器

Step 05 弹出"确认你的备份设置"对话框，单击"开始备份"按钮，如图14-51所示。

Step 06 系统开始备份，完成后，单击"关

闭"按钮即可，如图14-52所示。

图 14-51　确认备份设置

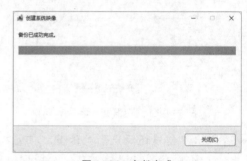

图 14-52　备份完成

14.4.3　使用系统工具还原系统

在为系统创建好还原点之后，一旦系统遭到病毒或木马的攻击，致使系统不能正常运行，这时就可以将系统恢复到指定还原点。

下面介绍如何还原到创建的还原点，具体操作步骤如下。

Step 01 选择"系统属性"对话框中的"系统保护"选项卡，然后单击"系统还原"按钮，如图14-53所示。

Step 02 在弹出的"还原系统文件和设置"对话框，选中"推荐的还原"单选按钮，单击"下一步"按钮，如图14-54所示。

Step 03 单击"下一步"按钮，弹出"确认还原点"对话框，单击"完成"按钮，如图14-55所示。

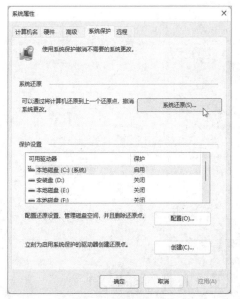

图 14-53　"系统保护"选项卡

图 14-54　"还原系统文件和设置"对话框

图 14-55　"确认还原点"对话框

Step 04 单击"完成"按钮，打开提示框，提示"启动后，系统还原不能中断。你希望继续吗？"，单击"是"按钮，电脑自动重启后，还原操作会自动进行，如图14-56所示。

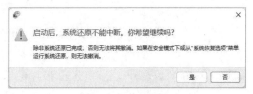

图 14-56　信息提示框

14.5　高效办公技能实战

14.5.1　实战1：一个命令就能修复系统

SFC命令是Windows操作系统中使用频率比较高的命令，主要作用是扫描所有受保护的系统文件并完成修复工作。下面以最常用的sfc/scannow为例进行讲解，具体操作步骤如下。

Step 01 右击"开始"按钮，在弹出的快捷菜单中选择"运行"选项，打开"运行"对话框，在其中输入"cmd"命令，如图14-57所示。

图 14-57　"运行"对话框

Step 02 弹出命令提示符窗口，输入命令"sfc/scannow"，按Enter键确认，如图14-58所示。

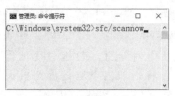

图 14-58　输入命令

215

Step 03 开始自动扫描系统，并显示扫描的进度，如图14-59所示。

图 14-59　自动扫描系统

Step 04 在扫描的过程中，如果发现损坏的系统文件，会自动进行修复操作，并显示修复后的信息，如图14-60所示。

图 14-60　自动修复系统

14.5.2　实战2：开启电脑CPU最强性能

在Windows 11操作系统之中，用户可以设置系统启动密码，具体的操作步骤如下。

Step 01 按下WIN+R组合键，打开"运行"对话框，在"打开"文本框中输入msconfig，如图14-61所示。

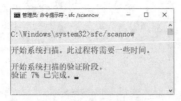

图 14-61　"运行"对话框

Step 02 单击"确定"按钮，在弹出的对话框中选择"引导"选项卡，如图14-62所示。

Step 03 单击"高级选项"按钮，弹出"引导高级选项"对话框，勾选"处理器个数"复选框，将处理器个数设置为最大值，本机最大值为4，如图14-63所示。

图 14-62　"引导"选项卡

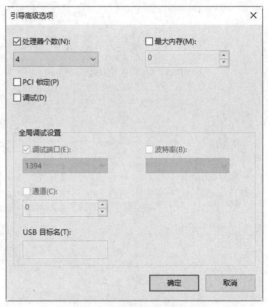

图 14-63　"引导高级选项"对话框

Step 04 单击"确定"按钮，弹出"系统配置"对话框，如图14-64所示，单击"重新启动"按钮，重启电脑系统，CUP就能达到最大性能了，这样电脑运行速度就会明显提高。

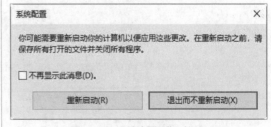

图 14-64　"系统配置"对话框

第15章　无线网络的安全防护

无线网络是利用电磁波作为数据传输的媒介，就应用层面而言，与有线网络的用途完全相似，最大的不同是传输信息的媒介不同。本章介绍无线网络的安全防护。

15.1　组建无线网络

无线局域网络的搭建给家庭无线办公带来了很多方便，而且可随意改变家庭里的办公位置而不受束缚，大大迎合了现代人的追求。

15.1.1　搭建无线网环境

建立无线局域网的操作比较简单，在有线网络到户后，用户只需连接一个具有无线Wi-Fi功能的路由器，然后各房间里的电脑、笔记本电脑、手机和iPad等设备利用无线网卡与路由器之间建立无线连接，即可构建整个办公室的内部无线局域网。

15.1.2　配置无线局域网

建立无线局域网的第一步就是配置无线路由器，默认情况下，具有无线功能的路由器未开启无线功能，需要用户手动配置。在开启了路由器的无线功能后，就可以配置无线网了。使用电脑配置无线网的具体操作步骤如下。

Step 01 打开IE浏览器，在地址栏中输入路由器的网址，一般情况下路由器的默认网址为"192.168.0.1"，输入完毕后单击"转至"按钮，即可打开路由器的登录窗口，如图15-1所示。

Step 02 在"请输入管理员密码"文本框中输入管理员的密码，默认情况下管理员的密码为"123456"，如图15-2所示。

图 15-1　路由器的登录窗口

图 15-2　输入管理员的密码

Step 03 单击"确认"按钮，即可进入路由器的"运行状态"工作界面，在其中可以查看路由器的基本信息，如图15-3所示。

Step 04 选择窗口左侧的"无线设置"选项，在打开的子选项中选择"基本设置"选项，即可在右侧的窗格中显示无线设置的基本功能，勾选"开始无线功能"和"开启SSID广播"复选框，如图15-4所示。

图 15-3 "运行状态"工作界面

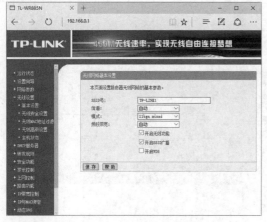

图 15-4 无线设置的基本功能

Step 05 当开启了路由器的无线功能后，单击"保存"按钮进行保存，然后重新启动路由器，即可完成无线网的设置，这样具有Wi-Fi功能的手机、电脑、iPad等电子设备就可以与路由器进行无线连接，从而实现共享上网。

15.1.3 将电脑接入无线网

笔记本电脑具有无线接入功能，台式电脑要想接入无线网，需要购买相应的无线接收器。下面以笔记本电脑为例，介绍如何将电脑接入无线网，具体的操作步骤如下。

Step 01 双击笔记本电脑桌面右下角的无线连接图标，打开"网络和共享中心"窗口，在其中可以看到本台电脑的网络连接状

态，如图15-5所示。

图 15-5 "网络和共享中心"窗口

Step 02 单击笔记本电脑桌面右下角的无线连接图标，在打开的界面中显示了电脑自动搜索的无线设备和信号，如图15-6所示。

图 15-6 无线设备信息

Step 03 单击一个无线连接设备，展开无线连接功能，在其中勾选"自动连接"复选框，如图15-7所示。

Step 04 单击"连接"按钮，在打开的界面中输入无线连接设备的连接密码，如图15-8所示。

Step 05 单击"下一步"按钮，开始连接网络，如图15-9所示。

图 15-7 勾选"自动连接"复选框

图 15-8 输入密码

图 15-9 开始连接网络

Step 06 连接到网络之后,桌面右下角的无线连接设备显示正常,并以弧线的方法给出信号的强弱,如图15-10所示。

图 15-10 连接设备显示正常

Step 07 再次打开"网络和共享中心"窗口,在其中可以看到这台电脑当前的连接状态,如图15-11所示。

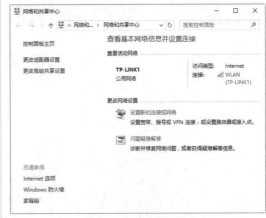

图 15-11 当前的连接状态

15.1.4 将手机接入Wi-Fi

无线局域网配置完成后,用户可以将手机接入Wi-Fi,从而实现无线上网。手机接入Wi-Fi的具体操作步骤如下。

Step 01 在手机界面中用手指点按"设置"图标,进入手机的"设置"界面,如图15-12所示。

图 15-12 "设置"界面

Step 02 使用手指点按WLAN右侧的"已关闭",开启手机WLAN功能,并自动搜索周围可用的WLAN，如图15-13所示。

图 15-13　手机 WLAN 功能

Step 03 使用手指点按下面可用的WLAN，弹出连接界面，在其中输入相关密码，如图15-14所示。

图 15-14　输入密码

Step 04 点按"连接"按钮，即可将手机接入Wi-Fi，并在下方显示"已连接"字样，这样手机就接入了Wi-Fi，以后就可以使用手机进行上网了，如图15-15所示。

图 15-15　手机上网

15.2　电脑和手机共享无线上网

目前，随着网络和手机上网的普及，电脑和手机的网络是可以互相共享的，这在一定程度上方便了用户。例如：如果手机共享电脑的网络，则可以节省手机的上网流量；如果自己的电脑不在有线网络环境中，则可以利用手机的流量进行电脑上网。

15.2.1　手机共享电脑的网络

电脑和手机网络的共享需要借助第三方软件，这样可以使整个操作简单方便。下面以借助360免费Wi-Fi软件为例进行介绍。

Step 01 将电脑接入Wi-Fi环境当中，如图15-16所示。

图 15-16　电脑接入 Wi-Fi

Step 02 在电脑中安装360免费Wi-Fi软件，然后打开其工作界面，在其中设置Wi-Fi名称与密码，如图15-17所示。

图 15-17　360 免费 Wi-Fi

Step 03 打开手机的WLAN搜索功能，可以看到搜索出来的Wi-Fi名称，如这里是"LB-LINK1"，如图15-18所示。

图 15-18　搜索 Wi-Fi

Step 04 使用手指点按"LB-LINK1"，即可打开Wi-Fi连接界面，在其中输入密码，如图15-19所示。

Step 05 点按"连接"按钮，手机就可以通过电脑发生出来的Wi-Fi信号进行上网了，如图15-20所示。

Step 06 返回电脑工作环境当中，在"360免费Wi-Fi"工作界面中选择"已经连接的

手机"选项卡，则可以在打开的界面中查看通过此电脑上网的手机信息，如图15-21所示。

图 15-19　输入密码

图 15-20　手机上网

图 15-21　查看手机信息

15.2.2 电脑共享手机的网络

手机可以共享电脑的网络，电脑也可以共享手机的网络，具体的操作步骤如下。

Step 01 打开手机，进入手机的设置界面，在其中使用手指点按"便携式WLAN热点"，开启手机的便携式WLAN热点功能，如图15-22所示。

图 15-22　开启手机热点

Step 02 返回电脑的操作界面，单击右下角的无线连接图标，在打开的界面中显示了电脑自动搜索的无线设备和信号，这里就可以看到手机的无线设备信息HUAWEI C8815，如图15-23所示。

图 15-23　搜索无线设备

Step 03 单击HUAWEI C8815，即可打开其连接界面，如图15-24所示。

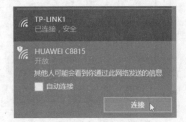

图 15-24　连接界面

Step 04 单击"连接"按钮，将电脑通过手机设备连接网络，如图15-25所示。

图 15-25　电脑通过手机连接网络

Step 05 连接成功后，在HUAWEI C8815下方显示"已连接，开放"信息，其中的"开放"表示该手机设备没有进行加密处理，如图15-26所示。

图 15-26　连接成功

💡提示：至此，就完成了电脑通过手机上网的操作，这里需要注意的是一定要注意手机的上网流量。

15.2.3 加密手机WLAN热点

为保证手机的安全，一般需要给手机的WLAN热点功能添加密码，具体的操作步骤如下。

Step 01 在手机的移动热点设置界面中，点按"配置WLAN热点"功能，在弹出的界面中点按"开放"选项，可以选择手机设备的加密方式，如图15-27所示。

Step 02 选择好加密方式后，即可在下方显示密码输入框，在其中输入密码，然后单击"保存"按钮即可，如图15-28所示。

Step 03 加密完成后，使用电脑再连接手机设备时，系统提示用户输入网络安全密钥，如图15-29所示。

图 15-27　选择加密方式

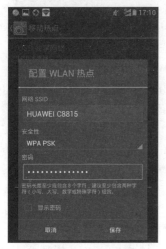

图 15-28　输入密码

图 15-29　输入网络安全密钥

15.3　无线网络的安全防护

无线网络不需要物理线缆，非常方便，但正因为无线需要靠无线信号进行信息传输，而无线信号又管理不便，因此，数据的安全性更是遭到了前所未有的挑战，于是，各种各样的无线加密算法应运而生。

15.3.1　设置管理员密码

路由器的初始密码比较简单，为了保证局域网的安全，一般需要修改或设置管理员密码，具体的操作步骤如下。

Step 01 打开路由器的Web后台设置界面，选择"系统工具"选项下的"修改登录密码"选项，打开"修改管理员密码"工作界面，如图15-30所示。

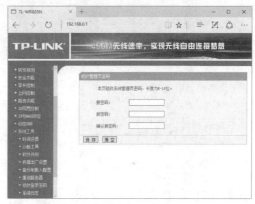

图 15-30　"修改管理员密码"工作界面

Step 02 在"原密码"文本框中输入原来的密码，在"新密码"和"确认新密码"文本框中输入新设置的密码，最后单击"保存"按钮即可，如图15-31所示。

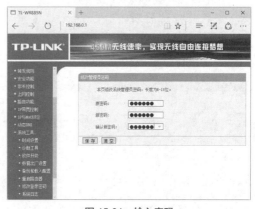

图 15-31　输入密码

15.3.2 MAC地址过滤

网络管理的主要任务之一就是控制客户端对网络的接入和对客户端的上网行为进行控制，无线网络也不例外，通常无线AP利用媒体访问控制（MAC）地址过滤的方法来限制无线客户端的接入。

使用无线路由器进行MAC地址过滤的具体操作步骤如下。

Step 01 打开路由器的Web后台设置界面，单击左侧"无线设置"→"MAC地址过滤"选项，默认情况MAC地址过滤功能是关闭状态，单击"启用过滤"按钮，开启MAC地址过滤功能，单击"添加新条目"按钮，如图15-32所示。

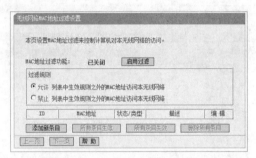

图 15-32 开启 MAC 地址过滤功能

Step 02 打开MAC地址过滤对话框，在"MAC地址"文本框中输入无线客户端的MAC地址，本实例输入MAC地址为"00-0C-29-5A-3C-97"，在"描述"文本框中输入MAC描述信息"sushipc"，在"类型"下拉列表中选择"允许"选项，在"状态"下拉列表中选择"生效"选项，依照此步骤将所有合法的无线客户端的MAC地址加入此MAC地址表后，单击"保存"按钮，如图15-33所示。

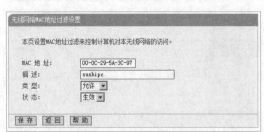

图 15-33 MAC 地址过滤对话框

Step 03 选中"过滤规则"选项下的"禁止"单选按钮，表明在下面MAC列表中生效规则之外的MAC地址可以访问无线网络，如图15-34所示。

图 15-34 选中"禁止"单选按钮

Step 04 这样无线客户端在访问无线AP时，会发现除了MAC地址表中的MAC地址之外，其他的MAC地址无法再访问无线AP，也就无法访问互联网。

15.3.3 360路由器卫士

360路由器卫士是一款由360官方推出的绿色免费的家庭必备无线网络管理工具。360路由器卫士软件功能强大，支持几乎所有的路由器。在管理的过程中，一旦发现蹭网设备想踢就踢。下面介绍使用360路由器卫士管理网络的操作方法。

Step 01 下载并安装360路由器卫士，双击桌面的快捷图标，打开"路由器卫士"工作界面，提示用户正在连接路由器，如图15-35所示。

图 15-35 "路由器卫士"工作界面

Step 02 连接成功后，弹出"路由器卫士提醒您"对话框，在其中输入路由器账号和密码，如图15-36所示。

图15-36　输入路由器账号和密码

Step 03 单击"下一步"按钮，进入"我的路由"工作界面，在其中可以看到当前的在线设备，如图15-37所示。

图15-37　"我的路由"工作界面

Step 04 如果想要对某个设备限速，则可以单击设备后的"限速"按钮，打开"限速"对话框，在其中设置设备的上传速度与下载速度，设置完毕后单击"确认"按钮即可保存设置，如图15-38所示。

图15-38　"限速"对话框

Step 05 在管理的过程中，一旦发现有蹭网设备，可以单击该设备后的"禁止上网"按钮，如图15-39所示。

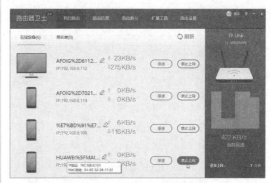

图15-39　禁止不明设置上网

Step 06 单击"黑名单"选项卡，进入"黑名单"设置界面，在其中可以看到被禁止的上网设备，如图15-40所示。

图15-40　"黑名单"设置界面

Step 07 选择"路由防黑"选项卡，进入"路由防黑"设置界面，在其中可以对路由器进行防黑检测，如图15-41所示。

图15-41　"路由防黑"设置界面

Step 08 单击"立即检测"按钮，即可开始对路由器进行检测，并给出检测结果，如图15-42所示。

图 15-42　检测结果

Step 09 选择"路由设置"选项卡，进入"路由设置"设置界面，在其中可以对宽带上网、Wi-Fi密码、路由器密码等选项进行设置，如图15-43所示。

图 15-43　"路由设置"设置界面

Step 10 选择"路由时光机"选项，在打开的界面中单击"立即开启"按钮，即可打开"时光机开启"设置界面，在其中输入360账号与密码，然后单击"立即登录并开启"按钮，即可开启时光机，如图15-44所示。

图 15-44　"时光机开启"设置界面

Step 11 选择"宽带上网"选项，进入"宽带上网"设置界面，在其中输入网络运营商给出的上网账号与密码，单击"保存设置"按钮，即可保存设置，如图15-45所示。

图 15-45　"宽带上网"设置界面

Step 12 选择"Wi-Fi密码"选项，进入"Wi-Fi密码"设置界面，在其中输入Wi-Fi密码，单击"保存设置"按钮，即可保存设置，如图15-46所示。

图 15-46　"Wi-Fi密码"设置界面

Step 13 选择"路由器密码"选项，进入"路由器密码"设置界面，在其中输入路由器密码，单击"保存设置"按钮，即可保存设置，如图15-47所示。

图 15-47　"路由器密码"设置界面

Step 14 选择"重启路由器"选项，进入"重启路由器"设置界面，单击"重启"按钮，即可对当前路由器进行重启操作，如图15-48所示。

图 15-48　"重启路由器"设置界面

另外，使用360路由器卫士在管理无线网络安全的过程中，一旦检测到有设备通过路由器上网，就会在电脑桌面的右上角弹出信息提示框，如图15-49所示。

图 15-49　信息提示框

单击"管理"按钮，即可打开该设备的详细信息界面，在其中可以对网速进行限制管理，最后单击"确认"按钮即可，如图15-50所示。

图 15-50　详细信息界面

15.4　高效办公技能实战

15.4.1　实战1：诊断和修复网络

当自己的电脑不能上网时，说明电脑

与网络连接不通，这时就需要诊断和修复网络了，具体的操作步骤如下。

Step 01 打开"网络连接"窗口，右击需要诊断的网络图标，在弹出的快捷菜单中选择"诊断"选项，弹出"Windows网络诊断"窗口，并显示网络诊断的进度，如图15-51所示。

图 15-51　显示网络诊断的进度

Step 02 诊断完成后，将会在下方的窗格中显示诊断的结果，如图15-52所示。

图 15-52　显示诊断的结果

Step 03 单击"尝试以管理员身份进行这些修复"超链接，即可开始对诊断出来的问题进行修复，如图15-53所示。

Step 04 修复完毕后，会给出修复的结果，提示用户疑难解答已经完成，并在下方显示已修复信息提示，如图15-54所示。

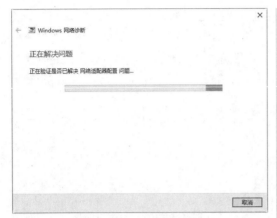

图 15-53　修复网络问题

图 15-54　显示已修复信息

15.4.2　实战2：手机的安全防护

在手机中安装防护软件是手机安全防护的一项措施。使用手机管家可以查杀手机病毒，这也是加强手机安全的方式之一。使用手机管家查杀手机病毒的具体操作步骤如下。

Step 01 在手机屏幕中使用手指点按手机管家图标，进入手机管家工作界面，如图15-55所示。

Step 02 使用手指点按病毒查杀图标，即可开始扫描手机中的病毒，如图15-56所示。

Step 03 扫描完成后，会给出相应的查杀结果，如图15-57所示。

图 15-55　手机管家工作界面

图 15-56　扫描手机中的病毒

图 15-57　查杀结果